成为您的美好时光

隐匿于日常生活中的真相

时差

昼夜节律与蓝调

jet lag _ CHRISTOPHER J. LEE

〔美〕克里斯托弗·J·李 _ 著

田可耘 _ 译

上海文艺出版社
Shanghai Literature & Art Publishing House

因为对“时间”的任何勘测——无论复杂抑或抽象——都根植于人类对生命终有一死的恐惧。

托马斯·品钦（Thomas Pynchon），《抵抗白昼》（Against the Day，2006）

可怜那个曾经身处“时间”之中却再也无法回去的人吧！

E. M. 齐奥朗（E. M. Cioran），《坠入时间》（The Fall into Time，1964）

目 录

导言

作为世界语的时差

现在的时间和过去的时间
也许都存在于未来的时间，
而未来的时间又包容于过去的时间。
假若全部时间永远存在
全部时间就再也都无法挽回。

——T. S. 艾略特，《烧毁的诺顿》

T. S. 艾略特（T. S. Eliot）的上述诗句捕捉到了“现代”的某种本质意涵。现代生活——或者借用艾略特的同代人查理·卓别林

(Charlie Chaplin) 的说法，“时代”[1] ——是被我们与时间的关系所界定的。二者密不可分。想想詹姆斯·乔伊斯 (James Joyce)、维吉尼亚·伍尔芙 (Virginia Woolf) 或威廉·福克纳 (William Faulkner) 的那些经典小说吧，滴答作响的时钟使那些像寻常时日一样平淡、复杂、枝节丛生的叙事有了脉搏。

或者，在另一层面上，想想“现代性”这一划时代的观念本身——这是一个历史时段，通常被追溯到十八世纪晚期法国、美国以及往往被忽略的海地的政治革命。这些革命都追求一种以个体权利为核心的世俗民主政体。虽然这些国家和其他各地为了完全实现这些权利所进行的斗争一直持续到二十世纪，上述革命承诺了一种前景，即彻底打破以往围绕某位君主

1　指卓别林 1936 年的电影《摩登时代》(Modern Times)。本书正文部分注释均为译者注。

及其个人的终身统治所建立的政治形式。大众民主制通过引入选举周期、任期年限以及类似的政治历法，为其自身的主权时间制定了惯例。艾略特的诗句并未涉及这些历史细节，但类似地展现了关于时间的现代意识，包括过去、现代、未来作为现代意识的构成性元素，以及三者如何在界定时间的过程中共存与互动，现代意识的内在差异，还有它的反复与延续。简而言之，现代意味着理解时间是什么。

时差是这幅广阔的历史图景的一部分。时差——无数空中旅客每天体验到的身处两地的朦胧感受——有着复杂的起源和模糊的轮廓，也是一种非自然的加速运转所产生的境况。它也在根本上关乎时间。这些带来无限可能的飞机显然是现代的，而且时差自身也有着典型的现代性。艾略特的《烧毁的诺顿》最早出版于1936年——也是《摩登时代》上映的年份——

查理·卓别林导演的《摩登时代》，1936

003 后来被收录在《四个四重奏》(1943）里。

当然，艾略特写作时并未想到时差。就像致幻剂和披头士乐队一样，时差现象在 1960 年代才进入人们的视野，尽管不如前两者那样声势浩大。正如这些拓展了社会语汇的时代潮流，时差标志着流行文化的一大转折，即商业乘机旅行成为了全球性的现象。然而，艾略特的诗句与时差体验出奇地相似。在一场从纽约到伦敦跨越大西洋的飞行过后，人们会觉得自己进入了未来的时间，同时却也身处于萦回不去的过去时间。经历了加压舱的催眠效应以及太早亮起的刺眼阳光，时差所属的现在时间，可以同时体现过去的时间和未来的时间，令人仓皇失措。从地球东边往西飞则恰好相反——未来的时间被纳入了过去的时间。阿斯匹林、冥想音乐、烈酒都无济于事，经历一场长途飞行后——无论往东还是往西——往往都无法恢复对时间的感知。

鉴于以上原因，我认为艾略特捕捉到了时差的那种疲倦不堪、但却惊人地充满形而上意蕴的特质，这也是这本书试图探索的主题，即我们与时间的关系中存在的生理与哲学双重意义上的不适感。“时差”（jet lag）本身是一个混成词，结合了“喷气机阶层”（jet set）[1] 与

1 喷气机阶层（jet set），经常坐飞机前往全球各地的富有阶层。

"时间间隔"（time lag）两个短语，因而带有文化和科学层面的双重含义。我在本书开头征引005《烧毁的诺顿》，提示了尽管时差是一种相对晚近的感受，它仍有许多可追溯的历史，不仅包括政治与文化的历史，还有哲学与政治的历史。这些历史要早于水瓶座纪元（the Age of Aquarius）[1]期间对时差症状的第一例诊断。的确，无论这听起来多么不可思议，时差在一定意义上总是与我们形影不离。它在现代有其特定的历史。但时差那种流离失所、疲惫、不适的特质，触及人类境遇的更深主题——我们与技术之间的关系，与自己身体之间的关系，以及与时间流逝之间的关系。文学新闻家[2]、永远在路上的旅行者皮克·耶尔（Pico Iyer）曾经写道，时差是"长途旅行

1 水瓶座纪元（the Age of Aquarius），1970 至 1980 年代西方盛行的新纪元运动的代名词。

2 文学新闻家（literary journalist），在非虚构新闻写作中融入文学性叙事手法的创作者。

中的一个重要却不值一提的方面，好像对其缄口不谈就有助于摆脱它一样。[1] 但当我们真的谈起它时能够揭示什么？当我们思考时差，哪些经验、感受、轶闻、庸见、哲理将得以涌现？这些问题是本书的关切所在。

巡演中的披头士乐队，图片来自克里斯·考威（Chris Cowey）和保罗·克拉克（Paul Clark）导演的《罕见与首次曝光的影像：披头士乐队》，2008

时差也提供了思考全球史的另类途径——将全球史看作情绪的历史，生理反应的历史。时差代表了对当代全球化的感受。这篇导言的题目取自堂·

德里罗（Don DeLillo）的小说《毛二世》，强调时差的那些可谓出人意料、不合时宜的起源，以及它的世俗性（worldliness）与纷繁的航行轨迹。[2] 时差有着奇特的普遍性，就像世界语（Esperanto）一样，既被广泛认可却又被广泛忽略。尽管如此，时差已经成为许多关于健康和旅行的写作中日益流行的主题——从WebMD[1] 到赫芬顿邮报，再到开设了名为“倒时差”（Jet Lagged）的旅行博客的《纽约时报》。

一种杂糅的新闻文体正在浮现，包括关于医疗健康的建议、技术解释、对航空产业最新趋势的报道，以便缩小日趋垄断的航空产业与日益扩大的消费者群体之间（二者经常发生冲突）的信息差距。航空飞行员帕崔克·史密斯（Patrick Smith）的沙龙网（Salon. com）专栏

---

1 WebMD，美国最大的医疗健康服务网站。

“问飞行员吧”（Ask the Pilot）是这种新式评论的最佳范例。他的专栏曾经无所不包，从大气湍流到宠物被货运时的体验，再到商用喷气机飞机是否可能被肩射导弹打落，还有很多严肃或更稀奇古怪的问题。[3] 这本书没有那么实用。当我们在谈论时差时，我们谈论的是具体的应对与恢复，而非文化再现与意义。我们忽略了时差告诉我们如何生活。用苏珊·桑塔格（Susan Sontag）的话说，我们没有把时差看作隐喻。[1]

这本书则相反。它力求规避在那些关于航空旅行的文章、帖子、推特里常见的牢骚、滥调与建议，转而设想一种关于时差的新语言，一种关于如何与当代旅行及其带来的疲乏感共同生存（或发起反抗）的暂时的哲学（provisional philosophy）：

---

1 指苏珊·桑塔格的著作《疾病的隐喻》考察疾病在文化想象中的意涵。

时差作为生活方式，尽管听上去也许不可思议。时差是一种视角，而不只是一种处境。时差提供了关于我们自身的批判性视点。它在字面及比喻的意义上指称了这个我们往往身处的、瞬息万变的、过渡性的时空。不仅在时间与空间的意义上如此，在技术、文化、经济转型、政治变革的意义上也是如此。时差是人类学家凯瑟琳·斯图尔特（Kathleen Stewart）所说的“普通的情感”（ordinary affect）——一种社会经验与公众感受，尽管它捉摸不定并位于时空的间隙，而且我们遭遇时差的程度也各不相同。[4] 时差是一个文化性的时刻。的确，如果幸运的话，这本书试图通过出人意料的联系、时空的跨越、黑暗主题与富有启发的洞见、或许再加上偶尔的停滞不前，使读者迷失方向，由此在形式与实质上召唤出时差的精神，目的皆在于抵达一种新的视角。这本书认真对待时差。

追忆（以及重拾）似水年华

但为什么现在要谈时差？是什么让时差成为了一个物（object）？尽管它被贬抑为一种需要勉强忍受、迅速克服的东西，时差仍有故事可说。或者说，它有许多故事可说——关于全球化、时间与计时、我们对技术的痴迷（却也是致命的依赖）、现代生活的加速、我们自身的生理限制。时差值得仔细考量，尽管听起来不合直觉而且毫无吸引力。时差尤其标志了人类通过技术征服时间的不懈努力的一个顶点，无论这看起来是多么稀松平常。时差是无止境创新的切身代价。它很好地体现了批评家劳伦·勃朗特（Lauren Berlant）对“残酷乐观主义”（cruel optimism）的界定。用她的话来说，残酷的乐观主义是一种对“受限的可能性条件”（compromised conditions of possibility）的依附，“其实现要么是全无可能的、纯粹的幻想，要么就是过于可能的、有害的”。[5] 现代航空拥有这些迥异的特征，既展现了在几小时之间跨越时空的迅捷，又展现了我们当下技术能力在时间与生理层面的明显局限。残酷乐观主义与简单的失望与退缩之间的区别在于，前者尽管掌握了许多知识，却一直抱有那种过分乐观的幻想。这种对潜在幻灭的执著坚守，具体到航空旅行而言，我们全天候的快节奏生存限制了我们拒绝飞行的能力。我们看起来别无选择，只能接受已成既定事实的疲惫旅行，以及避无可避的航班延误、狭窄座椅和其他各种形式的湍流。

时差象征了现代旅行的美好承诺及其破灭。通过持续的创新，航空公司承诺了速度与效率。但他们也不断暴露自身的不完美，包括官僚作风、经济上的不足，还有无法提供舒适的体验。在更深的意义上，时差反映了我们最古老的梦想之一，以及我们对实现这一梦想的无能为力：时光旅行。很多人飞行只是为了去一个很远的地方。我们想到的更多是空间而不是时间。跨过时间——不仅仅是飞往某个遥远地点所需的旅行时间——不是我们有意识要首先考虑的问题。尽管如此，时差彰显了对时光旅行的渴望，无论是朝向未来还是朝向过去。在这个意义上，它指向了这种旅行所带来的生理与心理上的噩梦。

航空技术带来的高速率，以及在时间的维度上将世界测绘为诸多时区，使这种科幻小说式的体验变得越来越稀松平常。尽管今天的商业旅行完全不同于威尔斯（H. G. Wells）《时间机器》（1895）或特里·吉列姆（Terry Gilliam）的《时光大盗》（1981）里的奇思妙想，我们肉体的自然反应使得这一幻想的实现（无论以多么平凡的方式）远远不及我们此前的想象。

的确，尽管时光旅行是现代文学和电影里的常见主题，时差却一向被忽视。克里斯·马克（Chris Marker）影响深远的短片《堤》（1962）——后来被吉列姆翻拍并扩展为《十二猴子》（1994）——有一部分发生在巴黎的奥利机场，并以时光旅行作为关键的情节设置。但令人心痒的是时差的缺席。小说家堂·德里罗、威廉·吉布森（William Gibson）、马丁·艾米斯（Martin Amis）用时差来营造一种风格，尽管主要还是用作一种暂时的情节背景——一种全球化所彰显的、象征着迷失与倦怠的生理效应。皮克·耶尔——大概是时差的桂冠诗人（抱歉了，艾略特）——如前文所引，对时差投以更多关注，详细叙述了时差更广阔的寓言性维度（allegorical dimensions）。在他那本厌世的千禧年游记《地球灵魂》(2000）中，耶尔引述了艾米斯并写到了后冷战世界的常见境遇可以被概括为“时差，炮弹休克，范式转换”。[6] 不同于《回到未来》(1985）里心血来潮的时光旅行或者《终结者》(1984）里世界末日的时光旅行(这部电影把机器的未来置于一个末世的、弥赛亚式救赎的时间框架里)，时差呈现了穿梭于现实时间的不快。它揭示了我们称之为“全球化”的狂热事态之下令人疲惫的基底。时光旅行在传统意义上是关于修复的。时差则关于失修（disrepair)。它反映了时光旅行的一种低阶版本。时差是失去了魅力的时光旅行。

这种残酷乐观主义（或者用一个过时的词来说，狂妄）的处境使我们回到了一系列关于何谓人类的基本问题：不仅是技术在我们的生活中扮演的角色，还有我们根深蒂固的旅行习

克里斯·马克导演的《堤》，1962

性、睡眠与清醒的日夜循环、阳光与星光的天体影响，以及时间怎样统治我们的生活——任何其他东西对生活的影响都无法与时间相提并论。我们必须思考人类的行为与生理构造。作为社会与文化经验的时差有不少值得关注的地方，关系到以下问题的核心：人们的技术野心在何种程度上能与人类的生理机能相协调。当然，从希腊罗马的伊卡洛斯传说[1] 到 1986 年的

1 希腊神话中伊卡洛斯在初次飞行时越飞越高，因靠近太阳而导致蜡翼融化，最终坠落身亡。

"挑战者"号太空船灾难[1]，人类飞天的梦想时刻面对着它所导致的悲惨后果。时差是一个更普通的例子，能够在这个谜题上为我们带来教益。

因此，时差是这世界上的一个物（thing）。它不仅仅是一个随时间流逝的糟糕幻梦（fantasy-cum-bad dream），而是一种有着科学、经济、文化、甚至政治价值的现象。具体而言，我认为它是法国社会学家布鲁诺·拉图尔（Bruno Latour）所说的"准-物体"（quasi-object）——介于主体（社会）与客体（自然）之间的一个杂糅形式，位于他（不无夸张地）命名的"物的议会"（The Parliament of Things）[7]之列。拉图尔的议程围绕着学术分类的局限性，以及现代的分类方法如何错误地再现了知

---

1 指1986年1月28日美国第二架航天飞机"挑战者"号爆炸坠毁。

识生产乃至整个世界。在时差这个例子中，我们可以看到它有着自然与社会的双重特性。它可以在医学上被界定为一个人由于高速的航空旅行所经历的内在生物钟与周遭时间的暂时脱节。但它也可以在社会的意义上被理解和描述为整个运转不止的世界经济（我们作为仲裁者、消费者、旅行者参与这个经济体）中的一个隐形的常态。时差就像是全球资本主义带来的感受。

012

更进一步说，时差是许多医学院校的科学研究课题，是美国国家航空航天局的安防议题，也是设计飞机的经济诱因。时差不是通常意义上的物体，但它保留着物体般（object-like）的特点。你不能把时差拿在手上，但你可以感觉到它。你不能看见时差，但它确实存在，甚至有自己的形状。你不能把时差商品化然后卖掉它，但豪华躺椅以及其他舒适的机上用品，已经将时差转化为货币并从中盈利。时差甚至产生了一种政治。心理学家可能会说“战斗或逃跑”（fight-or-flight），但现在却是“飞行并战斗”（flight-and-fight）[1]：舱位制造了一个临时的空中阶级结构。文学批评家比尔·布朗（Bill Brown）曾经提出，日常物件并非没有生命，而是定义了我们的生活——用他的话说，它们使我们能“创造意义，创造或重造自我，整理我们的焦虑与情感，升华我们的恐惧并塑造我们的幻想”。[8] 这个观点在很多情况下似乎是不言而喻的——比如一个中年人买了一辆闪亮的跑车。然而，学者们延伸了这个视角，声称物体不只是任由人类支配的工具，而是能够主动地引导、影响人类行为。这种诠释方法

1 战斗或逃跑（fight-or-flight），1929 年由美国生理学家怀特·坎农（Walter Cannon）提出，指身体在应激状态下作出防御、挣扎或逃跑的准备。此处作者利用英文中 fight 一词“逃跑”与“飞行”的双关，将上述术语中的“逃跑”与乘机飞行相联系。

被称为思辨实在论（speculative realism）。[9] 物不再是它们曾所是的东西。

如果这条哲学路径对一些乘客-读者来说太过抽象，我想表达的是，时差同样必须被理解为一种可以影响人类行为的东西，而不仅仅是其结果。时差有着自己的社会存在（social presence）——它自己的本体论——哪怕没有空中飞行这一要素，它都属于被技术推动、无限加速的当代生活所牵涉的一系列境况中的一部分。医生和其他专家发明了“社会时差”这一术语来描述以下事实：当代生活中急促的、随机的工作日程，以及全天候的掌上科技操作，已经打乱了正常的睡眠规律，导致了长期疲劳、肥胖等各式各样的生理病症。这些状态不像航空旅行那样需要切换时区，但有着类似的人与技术的互动关系及其网络-昼夜生理节律（cyber-circadian）上的后果。这种日趋严峻的困境在公共领域越来越受关注，在临床上被称为“睡眠卫生学”（改善睡眠质量的技术），被国家睡眠基金会等机构推广。阿里安娜·赫芬顿（Arianna Huffington）曾经在另一个语境里呼吁一场“睡眠革命”，旨在应对现代生活产生的“睡眠不足危机”（sleep deprivation crisis）。[10] 成人童书《他妈的快睡吧》（2011）的热销——尽管这本书写得很拙劣——同样证明了睡眠对各个年龄层的读者来说都越来越难能可贵。我们对科技创新的渴望产生了无法避免的悖论——那些本该提升我们生活质量的东西带来了负面的后果。新的解决方案引发了新的问题。我们面临着晚间时间（nighttime）的覆灭。

时差捕捉到了这一矛盾。它是我们技术-光线（techno-crepuscular）症的起源。时差是爱德华·特纳（Edward Tenner）称之为“报复性效应”（revenge effect）的东西——它是技术创新的一个意外结果。[11] 在这个意义上，它加剧了关于在当下如何健康生活的集体焦虑感。时差是1960年代的产物，凸显了全球大规模运动的抵抗性文化（counterculture），使我们不能不认真思考人性在日趋技术化的世界里如何自处，并深入分析这一捉摸不定、无迹可寻的时间机器。是时间使时差成为了一个“物”而不仅仅是一个境况。就像其他的物件与实体一样，它受限于时间变化。“时间是建构的，以至于它不能抵抗心灵对它的不断勘测。它失去了密度，它的弯折令人心烦，最后只剩下一些碎片可供分析。”罗马尼亚裔法国哲学家（以及著名失眠患者）齐奥朗（E. M. Cioran）在他一如既往艰涩难懂的著作《坠入时间》——这本书出版于1964年，正好是时差出现的1960年代——里这样写道，“这是因为时间不是用来理解的，而是在生活中体认的。去考察、探索时间就是在贬损它，就是把它当作一个客体。这样做的人最终也会自我贬损、自我客体化。”[12]那么，认真对待时差，不仅使我们得以思考它的构成性要素、将其看作我们考察的客体，同时也通过我们与时间、技术、人体自身共处的现代生活方式，开启了认识我们自身“客体性”(object-hood) 的一扇窗口。

存在者 (Beings) 与时间

索非亚·科波拉 (Sofia Coppola) 的《迷失东京》(2013) 是近来关于时差最流行的表述之一。

这部电影讲述了一个刚刚步入婚姻的大学毕业生和一位年长的、对生活失去热情的演员在当下的东京住进了同一间旅馆，并展开了一段无望的情感关系的故事。电影的情节相当乏味，很多笑点来自对日本社会的漫画式讽刺。夏洛特（斯嘉丽·约翰逊饰）与鲍勃（比尔·莫瑞饰）之间充满魅力的化学反应拯救了这部电影。他们发现自己无法入睡，随即展开了一系列冒险，包括在旅馆的酒吧谈笑，去医院看病，深夜在卡拉OK唱罗克西音乐乐队（Roxy Music）和艾维斯·卡斯提洛（Elvis Costello）的歌，在床上看费德里科·费里尼（Federico Fellini）的《甜蜜的生活》（1960）。这些活动都不怎么严肃。但这部电影对时间、衰老、对生活逐渐失望的处理能引起更深的共鸣。这两个人物都“迷失”了，不仅因为来到了另一种文化环境，也因为各自所面临的生活境遇。身处异国加剧了他们所共同面临的这一处境。的确，他们的对话主要是在尝试将这些朦朦胧胧的感觉翻译给对方听，也翻译给自己听。夏洛特无法确定她从大学毕业后的前景，鲍勃则对自己的事业抱持着消极而矛盾的态度。夏洛特开玩笑说他有中年危机。他套上一件（反穿的）荧光迷彩T恤衫也无济于事。他们都对各自的婚姻感到不满。他们之间最终出现了一种意料之中的张力，即他们刚刚萌芽的感情是否会发展为性关系？但鲍勃在一时冲动之下和旅馆酒吧的驻唱歌手发生了一夜情，因而瓦解了他和夏洛特之间更进一步的可能性。

索非亚·科波拉导演的《迷失东京》，2003

016 那种曾经的纯洁消失了。尽管如此，影片结尾莫瑞和约翰逊饰演的人物在街头见了最后一面，莫瑞在约翰逊耳边轻声说了些什么，约翰逊脸上出现了笑容和泪水，二人理解了彼此。

时差为鲍勃和夏洛特的关系提供了前提，但时间与自由意志构成了影片的最大主题。镜头经常拍到两人各自或一起躺在床上，再加上“我的血腥情人”乐队的《有时》(Sometimes)慵懒的吉他声、“耶稣与玛丽链”(Jesus and Mary Chain)乐队的《像蜜一样》(Just Like 017 Honey)，成功营造了一种慢下来的时间与节奏。通过开辟一处不同于主流社会陈习的、另类而短暂的时空，时差使他们这段不寻常的关系得以发生，也为他们对自己生活的批判性自省提供了一个临时的视点。时差不仅暂时松动、缩小了他们之间的年龄差距，也通过打乱日常生活节奏而动摇了他们在正常情况下的自我认知。通过遵循不同的时间秩序，他们逐渐找到了自己的立足点。鲍勃负责地遵守着事先安排好的行程，拍摄三得利威士忌的广告，参加宣传活动以维持其演员-明星地位。夏洛特的旅程则更随性，她独自观光，以此探寻（而非重拾）她的身份认同。这两条迥异的道路使他们的困境得以清晰呈现，鲍勃发现他的生活太过受制、局限于他的事业、婚姻以及充满遗憾的过去，而夏洛特则刚刚步入成人生活，有太多的时间和可能性。片中一带而过的观察视点展现了她对时间的眩晕感——许多过场辅助镜头（B-Roll）透过旅馆的玻璃窗格注视东京的夜晚，传达了身处高空、远离尘世的感受。她在京都的短暂游历进一步突出了这一主题，期间日本的中世纪古迹惊鸿一瞥，与影片其他部分所展示的现代涩谷的数字奇观形成对照。

《迷失东京》有一瞬间让人回想起小津安二郎《东京物语》(1953) 里细致铺陈的关于传统与现代、衰老与时间的思辨。

重要的是，时差如何开启了一个值得探究的形而上领域。时间赋予人们对时间的意识。在这个意义上，它一向是一个哲学难题。时间是什么？在生与死之间的有限时间内，人应该如何生活？这些问题构成了自柏拉图和亚里士多德以来经久不衰的哲学主题，这两位哲学家比较了“时间”与“永恒”的理念，奥古斯丁的《忏悔录》(397—400) 则进一步阐述了这一区分，认为人类受制于时间，而上帝身处时间之外，存在于永恒之中。到了现代，很多人在世俗的层面上针对这一问题提出了各种各样的观点，从十九世纪黑格尔 (Georg W. F. Hegel) 和马克思 (Karl Marx) 的辩证历史主义 (dialectical historicism)，到二十世纪思想家亨利·柏格森（Henri Bergson）、马丁·海德格尔（Martin Heidegger）、伊曼纽尔·列维纳斯（Emmanuel Levinas）现象学意义上的时间。黑格尔和马克思在《历史哲学讲演录》（1837）和《共产党宣言》（1848）等著作中以时代为单位、以社会乃至全球为规模展开了论述。黑格尔和马克思都在席卷整个欧洲与大西洋的革命时代著书立说，不仅阐释了过去与现在，也力图预言未来。马克思在洋洋数卷的《资本论》（1867，1885，1894，1905—1910）中对工业化的分析，研究了时间与持续的技术革新之间的关系。这种联系解释了现代人的困境，现代人的命运越来越受制于市场需求和机械化劳动。这些方面导致了更大范围的非人化（dehumanization）过程。工人们会有这样的情绪，但那些为时差所困的国际商务旅行者也可能有同样的感受。

那些强调更加个体化的时间观的哲学家们质疑了黑格尔和马克思在十九世纪的宏大理论。在《时间与自由意志》（1889）中，柏格森声称时间是一种“绵延”（endured）的主观经验——这无疑是今天的长途飞行乘客的另一个共同感受——而不是一种专属于客观科学计量的自然现象。时间流淌于过去、现在、未来之间，受到记忆、经验、直觉的影响与塑造，而无关于机械钟的报时。正如艾略特后来指出的那样，柏格森写道，“一切知觉都已然是记忆……纯粹的当下是过去逐渐啮入未来的看不见的进程。”[13] 类似地，德国哲学家埃德蒙德·胡塞尔（Edmund Husserl）在《内时间意识现象学》（1966）收录的讲座里将时间定义为由“滞留”（过去）、“印象”（现在）和“前摄”（未来）组成。他曾经的学生马丁·海德格尔把《存在与时间》（1927）题献给了胡塞尔。海德格尔提出，生活经验——或者用他的术语来说，在世存在（此在）——自身就是时间的造物。用他的话说，存在于当下需要“一本日历和一座钟”。[14] 活着不仅要感知时间，而且受制于时间，并最终由时间构成，就像人的出生及其必然的死亡所凸显的那样。

像艾略特一样，上述这些简要概括的哲学立场要先于时差的出现。但它们依然捕捉到了每个疲乏的乘客所共有的感受——时间不是手表上显示的东西，而是我们感受到的东西。对时间的体验关乎个体的生理与情感知觉，而不是客观的计量和牛顿式的分析。时间与技术的互动——就像马克思说的那样——在不知不觉中带来了一种非人化的感受，往往伴随着时差的那种飞行过后的倦怠感。在一场长途夜航后，人们对早晨的感觉就像萨尔瓦多·达利（Salvador Dali）的超现实画作《记忆的永恒》

020

萨尔瓦多·达利，《记忆的永恒》，1931

（1931）里融化的时钟、昼夜难辨的光线、扰乱我们深度知觉（depth perception）的神秘的地平线。你的手机或其他电子设备上显示的时间无法传达如此复杂的情感，更不用说世界观了。

在这个方面，时差的另一个有趣的方面是，不同的哲学家与知识分子不仅仅阐述了时间，还阐述了关于时间的各种情绪、情感、焦虑——包括嗜睡、失眠、恶心、懒惰，等等。时间不仅仅是由过去、现在和未来构成的。情绪状态和文化生活习惯也组织和定义了时间，即我们如何度过时间。睡眠曾经被认为会导致疯狂，因为它发生在非理性的时间。弗朗西斯科·戈雅富有寓言性的《理性沉睡，心魔生焉》(1799) 就是这一启蒙派观点的经典例证，画中有噩梦般的意象，猫头鹰和状似蝙蝠的动物攻击一个趴在桌上小睡的男人。但清醒以及太多的意识也可能导致疯狂。米格尔·德·塞万提斯（Miguel de Cervantes）在那本十七世纪的小说里塑造了男主人公堂·吉诃德。他是有闲的绅士，醉心于阅读，以至于失去理智并忍受了许多无眠之夜。“总而言之，我们这位绅士太沉迷于阅读了，以至于他从黄昏读到黎明来度过他的夜晚，又从日出读到日落来度过他的白天。”塞万提斯写道，“太少的睡眠和太多

弗朗西斯科·戈雅，《理性沉睡，心魔生焉》，约 1799 年

的阅读榨干了他的头脑，使他失去了理智。”[15]

尽管如此，现代人赞美清醒乃至失眠，因为它由纯粹的意识状态和理性所构成。黑格尔所说的在黄昏起飞的密涅瓦猫头鹰形象（他是指知识只能在白日已尽的后见之明中取得）也呼应了这种把保持清醒当作启蒙之途的看法。[16] 在二十世纪，伊曼纽尔·列维纳斯更进一步把失眠称为“无尽的警觉”，在无眠的状态里，对时间的主观感受失去了开端和终点，趋近永恒。失眠对其他的生存观构成了考验，比如海德格尔建立在时间有限性之上的生存观。[17] 然而，永恒意识也可能引起焦虑。萨特(Jean-Paul Sartre) 在他的第一本小说中用了“恶心”(nausea) 这个词来描述不可逆的时间可能带来的那种令人窒息的不适感，就像他的主人公安东尼·洛根丁所遭遇的那样。一个更有喜剧性的例子是托马斯·品钦对懒惰伦理学

022
023

（ethics of sloth）的思考——懒惰是《圣经》里的七宗罪之一，也是唯一一宗被时间所界定的罪行。它的存在稀松平常，因而有着潜在的危险性。“懒惰是我们的背景辐射（background radiation）[1]，我们的轻松音乐电台，”他写道，“它无所不在，无可察觉。”[18]

失眠、恶心、懒惰当然是航空旅行带来的不太愉快的后果。但更重要的是，这些对时间以及与时间相关的短暂感受的阶段性思考，为我们将时差界定为一种探究的客体（object of inquiry）提供了框架——一种不断发展的哲学传统。在那么多思想家关注的各式境遇之中，时差值得被纳入考量。上面谈到的过去几个世纪的看法，强调了时差的潜在教益——这些疲惫而警戒的时日，可以帮助我们理解当代生活

---

1 背景辐射（background radiation），在环境中持续存在、被人们习以为常而难以察觉的辐射。

中愈发典型的速度、韧性与耐受力。时差充满了阐释的可能性。的确，时差和这些反复出现的哲学探索之间的相似性，使人想到一些更宏大的问题，包括时间定义的不断变化、现代意识的目的与终点、睡眠作为一种需要保护的稀缺资源的意义。我们学着忽略时差——去克服它——而不去严肃思考它告诉了我们哪些道理，关于人类野心的界限，生理学上的无知带来的危险，以及高科技导致的精力衰竭有何社会政治意涵。时差给予我们关于全球化的习性(habitus)——借用法国社会学家皮耶尔·布尔迪厄的术语——的启示。这个术语指的是塑造、定义了当代全球化生活方式的那些结构、实践以及能动性形式。

许多批评家和知识分子没有关注到时差，这或许是可以理解的。人们可以宣称时差是“第一世界的问题”或者“中产阶级的问题”。

飞行员马克·凡霍纳克（Mark Vanhoenacker）在他的回忆录《旅行的奥义》（2015）里作出估计，百分之八十的美国人和英国人坐过飞机，而其余的世界人口中一共只有不到百分之二十有过这种经历。[19] 那么，本书接下来就沿用卡明斯（e. e. cummings）和伊塔洛·卡尔维诺（Italo Calvino）的做法，用五场“非-讲座（non-lectures）”或者说“备忘录”（memo）的形式来呈现一种另类的观点。[20] 眼前的这些话题——时间、航空技术、时间生物学（chronobiology）、航空旅行的文化，以及所谓休憩与不得安宁（rest and unrest）的政治——太庞大了，无法在这里全面展开论述。本书在奇闻逸事中汲取动力，喜欢不当的推论（non-sequiturs），同时也力图挖掘这一通常被忽视的隐蔽主题的广度和深度。可以说，这本时差的文化传记包含了韦斯·安德森（Wes

Anderson）和约翰·麦克菲（John McPhee）之间出人意料的交集。这本书可以被看作埃洛·莫里斯（Errol Morris）和沃纳·赫尔佐格（Werner Herzog）那类实验纪录片的一部剧本草稿，里面的旁白和画面推动着奇妙的叙事。

很多人认为时差已经失去了光芒，尤其在2001年9月11日以来关于恐怖主义的持续恐慌下。在更日常的意义上，航空公司的财政紧缩表现为行李收费、狭窄座椅、不提供餐食的航班，使航空旅行失去了它曾有的些许浪漫气息。然而，现代航空业除了这些世俗的物质考量之外，还是有许多值得深思的地方。时差远远不止是一种短暂的生理不适——像罗兰·巴特（Roland Barthes）曾经假想的那样，“一种内在的摧毁，一种不自然的骚动”。[21] 本书考察这种形式的次-现代性（infra-modernity）——它是关于当下与非当下的历史。就像旅行本身一样，时差如果得到了适当的理解，可以把一整个潜藏的世界带到我们眼前。

欢迎登机。

1

浪漫的机器

古人写道，最值得注目的东西是太阳、星辰、水和云彩。现在我们正身处其间，心里想到的是其中哪一样呢？我不记得了，大概什么也没有想到吧，只想到了飞行本身，飞行的永恒性，飞行的奇妙。

——詹姆斯·索特（James Salter），《燃烧的白昼》(1997)

我家里有一个故事：在阿梅莉亚·埃尔哈特（Amelia Earhart）传奇性的跨越大西洋单人飞行的几年以前，我叔祖父克罗克·斯诺

(Crocker Snow）曾经和她一起驾机飞过波士顿。当时她还不出名，他对埃尔哈特的未来一无所知。他们就这么一起飞行，他刚好既热爱飞行又喜欢漂亮女人，埃尔哈特则在为当季的某场慈善活动派发传单。

这是一件奇特的小事——一个非凡却又无足轻重的细节。但它提供了一个好故事，关于人生的偶然际遇会带来什么，并在最意想不到的地方触碰到了历史。这个小插曲也表明，航空的发明不久后，它便降格为一种日常经验——中间不过是几代人的时间。我对克罗克叔祖不是很熟悉——他不苟言笑，令人生畏——尽管我非常钦佩他身为第一代飞行员，从螺旋桨敞盖飞机一直开到喷气机时代。他的第一本飞行执照是由奥维尔·莱特（Orville Wright）签署的，在 1920 年代还没有太多资深的飞行专家。这些元素再加上他和埃罗尔·

弗林（Errol Flynn）长得出奇地相似，使我对过去有了浪漫的想象，关于飞机与飞行本身的浪漫想象持续至今，尽管随着时间推移而有所消减。这种想象解释了我们长期以来和现代航空业之间的关系——这解释了我们为什么在财政紧缩、航空公司不近人情的官僚作派、安检措施等种种影响飞行体验的状况下，依然能够忍受时差以及其他的不适感。这是一场不断变化着的爱恋，越来越有争议性。但“人类飞天”的念头依然吸引着人们的想象，是其他任何东西都无法比拟的。我们必须提醒自己我们为何飞行。我们必须努力抵抗现代航空企业带来的、马克斯·韦伯或许会称之为“祛魅”（disenchantment）的那种感受。

要想充分理解时差，就必须了解航空业的历史。那是更大意义上的时差文化及其技术史的一部分。我从约翰·特雷奇（John Tresch）

克罗克·斯诺，1928

那里借用了“浪漫的机器”这个说法。特雷奇是一位研究十九世纪法国的历史学家，他认为这些机器诞生于启蒙时期。[1] 这些机器包括摄影机、蒸汽机、各种科学器材，与之相对的是“古典”机器，例如时钟、杠杆、平衡器。新的机器认为自然可以通过科学来理解，并用更加复杂的方式加以利用，既不能被人随心所欲地操纵，也无法在人类实践之外独立自存。飞机是这种新的技术现象的一部分。

我自己很早就开始，而且经常进行航空旅

行。我母亲来自新英格兰，到了德州中部感到自己格格不入，坚持要我们每年夏天从德州去往波士顿，既为了家人团聚，也为了逃离德州的酷暑。那时飞行对我来说很愉快，产生了一些难以言喻的感受，这种经历真的就像过圣诞节一样——我和我姐姐每次上飞机都往往会收到一两件礼物，这是母亲分散我们注意力的小伎俩，屡试不爽。以这种平常的方式，机场成了探亲与回家的地方，而不仅仅标志着新的目的地。我记得小时候，我父亲曾经在美国环球航空公司（TWA）的徽章上指出了韩国首尔——他要回去的地方——尽管那上面只有一些简单的直线和粗糙的曲线来勾勒 1970 年代的全球景观。

这个平凡的时刻发生在我小时候在登机口前等待的时候。洛根国际机场、洛杉矶国际机场、肯尼迪国际机场——还有伦敦希思罗机场、巴黎戴高乐机场、奥利弗·坦博国际机场——是时差的埃利斯岛（Ellis Islands）[1]。机场是我们个人史的一个固定的存在，是我们家族宗谱的基石。

机场是梦想实现的地方，是梦想起飞与终结之处。高等教育、职业生涯、婚姻、海外兵役在机场出入口的路缘、在办理票务的柜台、在机场安检的“严刑”下开始和结束。机场曾经是、而且在很多地方依然是现代建筑和全球世界主义（global cosmopolitanism）的奇观。

他们可以成为赫赫有名的国家象征，而且在更好的情况下还可以提供启发人心的未来视域。最近，它们成为了关于政府资金增减的警示信号——达拉斯-沃思堡国际机场、芝加哥奥黑尔

1 埃利斯岛（Ellis Islands）是位于美国纽约州纽约港内的一个岛屿。与自由女神像的所在地自由岛相邻。埃利斯岛在1892年1月1日到1954年11月12日期间是移民管理局的所在地。许多来自欧洲的移民在这里踏上美国的土地。

国际机场、纽约拉瓜迪亚机场这些航空枢纽都证明了这种衰落，甚至有时候令人感到羞耻。作为企业私有化趋势的一部分，机场被改造为路易·威登、万宝龙、爱马仕这类高端奢侈品品牌的免税购物站。但它们也还保留着许多根深蒂固的刻板印象——从美国南部到南非的所有航站楼里都有穿着锃亮黑皮鞋的男人和休息室的服务员。重要的是，机场对许多人来说标志着一段无忧无虑的假期的开始，但它们也为那些寻求政治庇护和收容地的人提供了合法的避难所。机场通过检查护照来建立机场里的出入境系统，既扰乱又加固了民族国家的领土边界。无论多么平淡无奇，机场既加速又阻碍了全球化的各种形态。它们展现了国际流行风尚、高端消费主义、先进技术所代表的进步和乌托邦想象。但机场也是充满了无根状态、海外流亡、恐怖主义以及日益严峻的技术非人化现象的反乌托邦空间。

在这些悖论之中，许多故事应运而生。我们都有关于旅行的故事可说。旅行是飞行这一浪漫经历的一个内在组成部分。无论远近，无论是工作还是休假，无论是被迫还是充满向 032 往：移动和定居一样，都是人生的常态。我的第一次长途旅行——大概也是我第一次体验到时差——是四岁时飞往夏威夷。我对那次旅程的时差毫无印象，尽管我确实记得我们在天黑后降落，我和旅行团一起拍照，后来入住酒店后，我爸爸从便利店给我和姐姐买了冰淇淋。我们坐在一个野餐桌上，看着月光下的海浪拍打着威基基海滩。这个时刻使我印象深刻，一 033 部分是因为它是我的第一次长途旅行，还有一部分是因为这个不寻常的时刻，但也是因为它在地理上位于亚洲和美国之间，我们全家多年来会定期回去。这是德州中部、新英格兰、韩

檀香山国际机场，1978 年 3 月

国无法给我带来的感受。

航空旅行越来越成为建立认同的主要手段。就像其他许多曾被认为是个体和私人的经历一样，脸书（Facebook）和图享（Instagram）上的帖子把旅行拔高为一种吸引眼球的阶层标志——从机舱窗口拍下飞机的翼尖在当下已经毫无新意了。然而，旅行可以说失去了它曾经具有的许多可能性与深度。尽管航空公司提供了一些让我们舒适的东西——机上娱乐、阅读时间以及最重要的飞行速度——他们不允许我们像步行、公路旅行甚至扒火车（train hopping）那样漫游。飞机只有固定的航线。

丽贝卡·索尔尼（Rebecca Solnit）在很多地方写到过游荡和故意迷路的好处。她的作品延续了由让-雅克·卢梭（Jean-Jacques Rousseau）的《一个孤独漫步者的遐想》（1782）和亨利·大卫·梭罗（Henry David Thoreau）的哲理文章《散步》（1862）所建立的一项启蒙传统。这两部作品歌颂了这一活动在生理和智识上的益处，但飞行的旅客们则不太可能获得这些好处。对这些作家来说，散步作为一种实践，有着隐喻性的维度，代表了个人的自由以及思想本身的自由。索尔尼在《远方的近处》（The Faraway Nearby）一书中提到，从悉达多（Siddhartha）到埃内斯托·“切”·格瓦拉（Ernesto “Che” Guevara）等形形色色的知名历史人物，都是典型的漫游者。他们都热情地享 034 受着这种个人的历险，并深深受益。索尔尼年轻时在美国西南部也常有自我探索的需求，她写道，“我们在探索我们想要成为怎样的人，世界可能给予我们什么，我们能给世界带来什么。因此，漫游其实是我们真正的工作，尽管我们浑然不知。”[2] 在描写海外美国人的经典 035 存在主义小说《遮蔽的天空》（The Sheltering Sky）里，保罗·鲍尔斯（Paul Bowles）区分了“游客”（tourist）和“旅人”（traveler），前者归心似箭，而后者则长期从一个地方去往另

俄勒冈胡德山，2015 年 1 月

一个地方，寻找他们本真的自我。鲍尔斯的写作基于自身经历，他在美国、欧洲、北非的往返使他最终在摩洛哥丹吉尔定居。但如果这些游牧般的旅程和无根状态意味着自由的话，航线和时差效应代表着怎样的道德准则（如果有的话）？如果用一种不那么乐观的方式来衡量当下，我们或许可以为鲍尔斯这个初步的分类增加第三个类别：很多人既不是游客也不是旅人，而只是乘客（passenger）罢了。

加速漫游

既然有这些疑虑，为什么还要飞行？除了飞行的浪漫感之外，还有速度。就像米兰·昆德拉（Milan Kundera）写到的那样，“速度是技术革命赠予人类的一种狂喜。”[3] 航空旅行不是第一次出现的转型，轮船和火车早已克服了地理的距离。剩下的只是时间的问题——要更快到达那里。像历史学家沃尔夫冈·希维尔布希（Wolfgang Schivelbusch）所说的那样，十九世纪火车旅行的速度标志着时空感知的根本转变。[4] 并非人人都欣然迎接这一转变。批评家瓦尔特·本雅明（Walter Benjamin）注意到，1930 年代埃尔朗根-纽伦堡大学的医学教授警告人们应该停止发展铁路行业，因为“速度会损害人们的大脑。事实上，光是看上一眼这些疾行的火车，就足以让人头晕目眩”。[5] 本雅明自己使“漫游者”（flaneur）——或者说“闲逛的路人”——变得流行起来，认为那是理解现代都市生活的唯一方式。但对速度的感知是相对的。半个世纪之后，保罗·索鲁（Paul Theroux）抱怨关于现代旅行的写作“被时差削弱了——集疲劳和失眠于一身，令人不快。”[6] 他决心要解决这一困境，便诉诸火车，就像他在中国游记《骑乘铁公鸡》（1988）里记叙的那样。伊塔洛·卡尔维诺在一场关于迅速（quickness）的备忘录讲座中更进一步扩展了这些感受，他写道，“作为速度、甚至心灵速度象征的马，贯穿了整部文学史，预示了我们现在技术观点的全部难题。”[7]

时差与其说是速度的象征，更像是速度带来的难题。目前还没有那么多文化批评家关注时差。但现代航空已经催生了关于飞行体验的抒情性写作。尽管飞机可以说很少被赋予托尔斯泰《安娜·卡列尼娜》（1878）里的火车和火车站那样的象征意味和叙事上的份量——不过《卡萨布兰卡》（1942）片尾起飞的飞机是一个著名的反例——对飞行的追求，比起火车的指挥家-小说家（conductor-novelist）或者说迄今仍未出现的“宇航员-诗人”（astronaut-poet），吸引了更多的书写者。我们可以看到这种文体的出现。

037 从飞行员改行成为作家的威廉·朗格维舍（William Langewiesche）评论道："机翼让我们能够飞翔，但心灵使我们把天空变成属于我们的东西。"[8] 飞行员和其他人都尝试过把天空变成属于他们自己的东西，其中包括柏瑞尔·马卡姆（Beryl Markham）、查克·叶格（Chuck Yeager）、迈克尔·翁达杰（Michael Ondaatje）。可以说，安托万·德·圣-埃克苏佩里（Antoine de Saint-Exupéry）最著名的不是他作为飞行员的成就，而是他的小说《夜航》（1931）和回忆录《风沙星辰》（1939）里不事张扬的英雄主义以及对飞行的清晰描述。现在更为人所知的是他的童话故事《小王子》（1943），圣-埃克苏佩里的行文风格、生活以及早逝，奠定了他在飞行员-作家之间的声望，以及把人类、机器、自然相互对立起来的那种现代飞行的寓言可能性。他的失踪，就像埃尔哈特一样，反而加强了他的传奇色彩。“在法国南海岸的博迈特山峰有一座灯塔，上面的碑文记录了圣-埃克苏佩里一生的最后时刻。他失踪于 1944 年 7 月。和很多在战争中失去下落的飞机一样，他的飞机也消失得无影无踪。”另一位作家、空军退役飞行员詹姆斯·索特在回忆录《燃烧的白昼》（1997）里写道，“闪烁着美丽波光的蓝海，也正是塞万提斯参战时作战过的海域，是历史的诞生地——这位世俗的圣人正在那里长眠。”[9]

飞行的梦想是贯穿历史的常见主题，而非仅仅出现在现代时期。这种野心可以追溯到古典时代，希腊的伊卡洛斯神话就是其中一个例子，展现了这种尝试里属神的坚毅与属人的局限。

非洲、亚洲、美洲文明同样把天空和神祇联系起来，鼓励人类想象天上的世界。犹太-基督教里的天使，公元前二世纪中国的风筝，鹰、鹫、隼在美洲原住民文化里的象征意义，都展现了天堂与尘世之间的对话。但伊卡洛斯的故事——他靠着他父亲、工匠代达罗斯（Daedalus）用蜡和羽毛做成的翅膀飞到了太靠近太阳的地方——成为了一个尤为著名的关于狂妄之灾的故事，被奥维德（Ovid）、奥登（W. H. Auden）、彼得·勃鲁盖尔（Pieter Bruegel）、威廉·卡洛斯·威廉斯（William Carlos Williams）等诗人和艺术家所记叙。尽管伊卡洛斯行为有其特定的起因，并关乎其逃亡的处境，这个故事依然成为了关于技术革新的诱惑的一则经久不衰的寓言——科学进步的魔力、个体才能的力量以及人类意志的盲目性所带来的那种自我陶醉的危险。神话及其教训在今天依然奏效。问题不仅仅在于狂妄，而在于技术带来的狂妄——这完全是一个现代的困境。

伊卡洛斯传奇也体现了贯穿整个航空史的那种浪漫主义，结合了科学的专业性和个人的决心。人类飞行的成功及其成就，依赖于自然物理法则与奇特的想象、大胆的幻想之间的密切联系。达·芬奇（Leonardo da Vinci）著名的飞机或扑翼机（ornithopter）画作，结合了希腊文中的“鸟”（ornithos）和“翅膀”（pteron）两个词。这些画展现了文艺复兴时期对艺术和科学之结合的看法，画中的发明仿照了他的研究著作《飞鸟手抄本》（约 1505 年）的标题中强调的鸟类飞行力学。他不是第一个作出这种尝试的人。九世纪，来自北非的安达卢西亚博学家阿布–卡西姆·阿巴斯·伊本·弗纳斯（Abu'l-Qasim 'Abbas Ibn Firnas）[1] 就有同样的想法。他曾经尝

1 原文此处人名写作 Abu'l-Quasim 'Abbas Ibn Firnas，疑为拼写错误，应为 Abu'l-Qasim 'Abbas Ibn Firnas。

雅各·比特尔·高伊（Jacob Peter Gowy）[1]，《伊卡洛斯的坠落》，约 1636—1638

试用滑翔机实现人类飞行。这一野心勃勃却以

 失败告终的壮举，大约两个世纪后在英国威尔

1 原文此处人名写作 Jacob Peeter Gowy，疑为拼写错误，应为 Jacob Peter Gowy。

特郡被马姆斯伯里修道院的本笃会修士埃尔莫(Eilmer of Malmesbury Abbey）效仿。

直到几个世纪之后，飞行的可能性才不仅仅存在于十五世纪博物学家生动的文稿、用石墨记录的思考中，而是真正被具体实现出来，尽管与那位意大利大师设想的形式有所不同。

欧洲启蒙运动通过热气球的发明迎来了早期的现代航空，就像它也迎来了其他设计和科学理性上的创新一样。在 1783 年夏天和秋天那段政治革命爆发的时期，蒙特哥菲尔兄弟——约瑟夫和艾蒂安——放了一些气球作为试验，其中有一个气球载着一只鸡、一只鸭子和一头名叫蒙特奥西尔（Montauciel，意为“爬向天空”）的羊，于 9 月 19 日从凡尔赛升空。[10] 十七世纪已经有人设想过乘气球飞行的可能性，当时气体的活动方式在科学想象中备受关注。意大利北部的费拉拉大学的耶稣会神

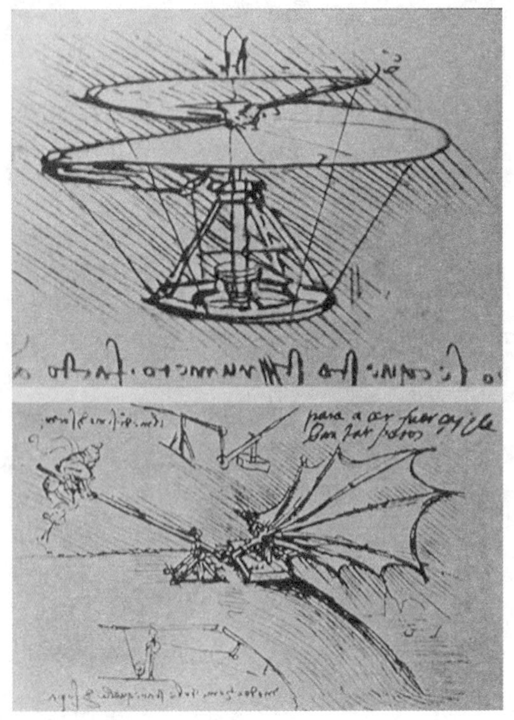

列奥纳多·达·芬奇，扑翼机和机翼设计，约 1485

甫、数学家弗朗西斯科·拉纳·德·泰尔齐（Francesco Lana de Terzi）提出了现代气球的概念——指用比空气更轻的气体装满球体，用来升起一艘空气船（nave volante）。[11] 但蒙特哥菲尔兄弟和他们的对手——查尔斯（Jacques A. C. Charles）以及让·罗伯特（Jean Robert）、诺埃尔·罗伯特（Noël Robert）兄弟——使这个概念成为了现实。1783 年 11 月 21 日，在蒙特哥菲尔兄弟的帮助下，二十六岁的科学家让·弗朗索瓦·比拉特·德·侯齐尔（Jean François Pilâtre de Rozier）和步兵团团长弗朗索瓦·洛朗·达朗德（François Laurent d'Arlandes）成为了最早在气球上实现了人类飞行的人。气球稳稳地带他们穿过了巴黎，飞到了 3000 英尺的高度，而且持续了将近二十五分钟。本杰明·富兰克林（Benjamin Franklin）也是观众之一。[12]

可以想见，这项新发明很快就在法国大革命期间被用于军事用途，发行了名为“事业”

蒙特哥菲尔兄弟的试验气球，1783 年 6 月

(l'Entreprenant) 的气球。像法国理论家保罗·维希留 (Paul Virilio) 在另一个语境中提到的那样，“历史前进的速度同步于武器系统 042 发展的速度。”[13] 尽管如此，气球和乘气球的人向着无人涉足之地勇敢前行。这在美国内战中主要被用作监视手段，也在英布战争以及十九世纪末二十世纪初的其他战事中被使用。

托马斯·品钦在他的小说《抵抗白昼》043 (2006) 里描述了气球的这些用途，写到飞艇提供了一个“越过头顶的视角”，这是想要打击“无政府主义杀人犯”的法律所渴望拥有的——我在这里无意影射当下。[14] 然而，早期航空也有很多流于空想的地方。品钦当然不会错过这个大加讽刺的机会，他描绘了镀金时代 044 (the Gilded Age)[15] “少年宇航员”的鲁莽。他笔下的热气球旅行团“幸运同盟” (the Chums of Chance)，与其说像一群勇敢的先驱

奥迪隆·雷东（Odilon Redon），《眼睛正如奇异的气球，朝着永恒飞升》，1882

者，不如说更像罗伯特·奥特曼（Robert

Altman）电影里的那种怪人。然而，在更宽泛的意义上，品钦想表达技术革新不总是一种大写的“进步”（Progress），而是可能伴随着一些相互冲突的意图和用途，为经济、国家或个体层面的邪恶势力创造新一轮的契机。对飞行的向往，对获得上帝视角、俯瞰尘世的向往，一旦得以实现，就会引起焦虑。这种情绪就像奥迪隆·雷东的《眼睛正如奇异的气球，朝着永恒飞升》（1882）里不安地横亘在天地之间的那种高空的孤独感以及凝滞不动的恐惧感。时差不是飞行所引发的第一种不适感受。

一切坚固的东西都消散在空中[1]

1903 年 12 月 17 日，奥维尔·莱特（Orville

1 此处的小节标题源自马歇尔·伯曼的著作《一切坚固的东西都烟消云散了》（All That Is Solid Melts into Air）。本书作者利用 air 一词“空气”与“高空”的双关，将这一标题与航空联系起来，因而此处译作“一切坚固的东西都消散在空中”。

Wright）和威尔伯·莱特（Wilbur Wright）兄弟在北卡罗来纳州小鹰城驾驶了由小型汽油引擎驱动的“飞行者”号飞机飞行了12秒钟、120英尺。尽管这种时长和距离完全比不上气球和飞船在一个世纪前就已经达到的水平，这一事件依然标志着航空业的新进展，尤其是达·芬奇以及后来的乔治·凯利爵士（Sir George Cayley）——英国博物学家、被誉为空中导航与航空学之父——曾经想象的那一种航空工程。

在十九世纪中叶，凯利驾驶着几架无引擎滑翔机，带着他的两个孩子还有马车夫成功实现了飞行。这一壮举展现了固定机翼的设计将在气球飞艇之外提供另一种可能性。还有其他人，比如美国商人海勒姆·史蒂文斯·马克沁（Hiram Stevens Maxim）——马克沁机枪（Maxim gun）因他得名——在1894年靠蒸汽引擎几乎成功实现飞行；又如塞缪尔·皮尔庞特·兰利（Samuel Pierpont Langley）——史密森尼学会（the Smithsonian Institution）[1] 的前会长——也做过两次类似的尝试，第二次就发生在莱特兄弟大获成功的几天前。莱特兄弟的成就很快就在全球范围内引起反响。到了1909年，法国人路易·布莱里奥（Louis Blériot）成为了飞越英吉利海峡的第一人。俄罗斯工程师伊戈尔·西科尔斯基（Igor Sikorsky）在1913年设计了第一家有封闭机舱的四引擎飞机，里面有一张桌子、四人座、一间卫生间。航空飞机技术的商机在当时迅速开花结果。

但从1909年开始，航空旅行的早期发展也伴随着飞艇或飞船的商业使用，尤其是在德国。汉堡-美洲航运公司（Hamburg-Amerikanische Packetfahrt A. G.）首次使用了齐柏林飞船——得

1 史密森尼学会（the Smithsonian Institution），又称史密森尼博物馆，美国一系列博物馆和研究机构的集合组织。

名于建造这种飞船的公司的创始人斐迪南·冯·齐柏林伯爵（Count Ferdinand von Zeppelin）。飞船产业持续发展了将近三十年，提供了豪华的国际旅行以及飞行的持久吸引力。然而，在一场跨越大西洋的飞行后，兴登堡号齐柏林飞船在新泽西州曼彻斯特镇尝试降落时失火坠毁。这场臭名昭著的 1937 年兴登堡号空难使飞船产业急剧崩溃。

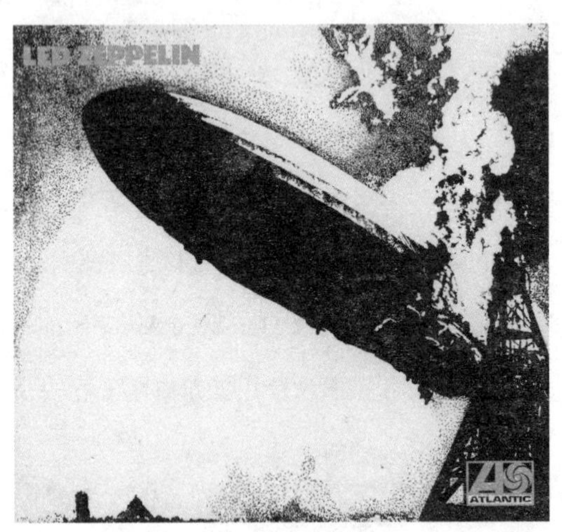

齐柏林飞船，《齐柏林飞船》，1969

确实，如果想了解齐柏林飞船的耐受力，只需要知道兴登堡号飞船在这场著名空难发生之前曾经完成了一场至里约热内卢的往返航行。尽管大多数乘客都幸存了下来，对这场奇观铺天盖地的视频报道在全世界范围内广为传播，彻底终结了飞船时代。不久后，布鲁斯吉他手利德·贝利（Lead Belly）写了一首歌来纪念这一事件，它也成为了几十年来的文化传奇。 046

航空技术与快速跨越地理距离的渴望交汇于这一历史时刻，取代了此前的飞船时代。尽管还存在着关于产业寿命与飞行距离的争议，第一家著名的客运航空公司是佛罗里达州的圣·彼得斯堡-坦帕水机航空公司（St. Petersburg-Tampa Airboat Line），创立于1913年，1914年开始运营。当时它只有在坦帕和圣·彼得堡之间的、跨越坦帕湾的一条航线，而且只载一名乘客。[16] 047

一战后，各种类型以及由于利益不确定性而命运各异的航空公司争相出场。威廉·波音（William Boeing）——他的姓氏在今天的航空业依然有着极高的地位——在一战期间和美国海军签订协议，开始建造飞机。到了1927年，他开始涉足航空邮递与客运服务，最终波音航空运输（Boeing Air Transport）在1934年发展成了美国联合航空（United Air Lines），是今天这家全球航运公司的前身。在欧洲，德国空运（Deutsche Luft-Reederei）——汉莎航空公司的前身——成立于1917年。德国空运的容克斯F13是第一架金属翼客机，提供柏林和魏玛之间的客运服务。在大不列颠，帝国航空公司（Imperial Airways）成立于1924年，旨在扩展英帝国的疆土。今天的法国航空（Air France）成立于1933年，荷兰皇家航空（Koninklijke Luchtvaart Maatschappij voor Nederland en Koloniën）则成立于1919年。

荷兰皇家航空是历史最悠久的没有改过名字的航空公司。它飞到过当时还在荷兰殖民统治下的印度尼西亚的雅加达，那条航线要飞十天，比任何一种船只都快得多。[17] 拉美、亚洲、澳大利亚也在同一时期出现了各种航空公司。[18] 因此，我们现在所熟悉的产业图景可以追溯到这些开端，而当时也存在着关于这个产业能否长期盈利的担忧。

048

和品钦的观点恰好呼应的是，航空邮递、政府协议在这一时期变得至关重要，是联邦快递、敦豪环球速递、国际邮政及快递服务的前身。尽管创立了航空公司，航空旅行是否能广泛流行在当时仍是未知数。当时，马戏团的巡回演出和各种空中特技是最流行的娱乐项目之一。航空邮递填补了这个商业上的缺口。1918年，美国邮政署开设了从纽约到华盛顿的空运线，后来被命名为美国航空邮政一号线。很快，到了 1920 年，芝加哥和旧金山也有了站点。在天气良好的情况下，通过航空和铁路运输的结合，美国东西海岸之间的传输需要 78 小时。临时机场被匆忙地搭建出来——有时只是一片露天草坪——飞行员只在白天飞行，利用可见的地标来导航。然而，尽管有快速的优势，航空邮政刚开始还不能赚回成本。为了更高的运送效率，飞行员很快被鼓励在夜间航行。由于缺乏导航设备以及在夜间测量海拔高度的仪器，一系列有人员伤亡的坠机事件使夜航的危险性昭然若揭。在美国邮政署最早一批的四十名飞行员中，有十九名在三年间身亡。尽管如此，日间和夜间航行的尝试仍在继续，因为 1921 年从旧金山到纽约的一次跨陆试飞，在 33 小时 20 分钟左右的时间里完成了邮政传输，还不到仅在日间飞行的邮政服务所需时间的一半。航空邮政证明了自己的成功。1925

年，美国国会通过了《航空邮政法案》（the Air Mail Act），又称《凯利法案》（the Kelly Act），批准扩大航空邮政的规模，并鼓励更宽泛意义上的商业航空的发展。确实，曾经在镀金时代主导运输业的铁路系统，不满于联邦政府对航空业的垄断。政府觉得很难建立一个包含新的航线和降落场的基础系统来培植这个新兴产业。

此时也出现了时差的前身。按时送达的需求、为了不间断的跨国运输而需要的额外工作时间、驾驶敞开式飞机并接触各种化学物质的普遍压力，带来了一种新型的、特殊的、现代人的疲劳。联邦法规在一定程度上缓解了这种疲劳感以及持续的致命危险带来的焦虑。在当时的商务部长赫伯特·胡佛（Herbert Hoover）的指导下，《航空商务法案》（1926）制定了与既有的船只与海洋交通管理系统相仿的航空管理系统。这部律法敦促私人企业担负起投资航线与机“港”（air “ports”）开发的主要责任，而政府则通过制定执照规则、满足导航需求来施予帮助——这是一种常见的划分公私权责的政治逻辑。随着这种关系的发展，新的航空邮政服务迎来许多赞誉，因为它连接了全国范围内大大小小的城镇。

在飞机降落的地点，本地政客发表演讲，商人展示他们的货品和服务。人们聚集在那里看飞行员降落、着陆，有时候在农场的草坪上，有时候在点起篝火为导航照明的地方。

查尔斯·林白（Charles Lindbergh）1927年横跨大西洋的无间断飞行，被证明是这段航空史的转折点，尤其是客运服务的转折点。1926年，大约5800人付费进行航空旅行，尽管人数很少，但鉴于飞行当时还是新鲜事，已经颇为可观了。

查尔斯·林白，1927

到 1930 年，乘客人数惊人地跃升到 173000 人。1932 年，阿梅莉亚·埃尔哈特成为了第一位单人飞越大西洋的女性，进一步促进了飞行的流行。更大的三引擎飞机可以在一个封闭机舱内负载十几名乘客，其发明使得客运服务成为了最重要的航空服务。尽管许多航班很短而且常常因为天气原因被取消——这种恼人的情况在今天是完全不常见的——航空旅行日渐流行起来。

像联合航空一样，许多运营至今的美国航空公司脱胎于各种不同的地方邮政与客运服务的混合——全美航空（American Airways），后来在 1934 年改名为美国航空（American Airlines）也是一个例子。很快，美国的航空公司开始聘请护士来满足乘客的舒适度与需求。艾伦·丘奇（Ellen Church）被认为是第一位“空乘”，曾在波音公司搭载 18 名乘客的波音 80A 上提供空乘服务。瑞士航空紧随其后，成为第一家雇佣女性的欧洲航空公司。随着非洲、亚洲、太平洋地区有了各自的航空公司，这段时期也因“会飞的船”（flying boats）而知名，这在机场设施简陋或阙如的情况下是非常实用的。飞行艇（floatplane）和水上飞机（seaplane）也为漫长的跨洋飞行带来了安全感。泛美航空（Pan American Airways）早在1936年就设立了跨越太平洋的客机航班，当时旧金山和马尼拉之间的航空邮政服务才刚刚建立一年。这趟航班历时七天。

到了这个阶段，同样值得注意的是一种反浪漫的飞行观——飞行的毁灭性可能。

052

一战期间，空投炸弹取代了气球在军事中的使用。空投炸弹以平民为攻击目标，使总体战的概念变得稀松平常。这对战争行为带来了长久的毁灭性影响，持续到今天的无人机战争。这种新的不道德（new immorality）中，最臭名昭著的事例是1937年西班牙内战期间德国和意大利军协助西班牙的法西斯佛朗哥政府发起的炸弹袭击。众所周知，巴勃罗·毕加索

迪迪尔·鲍西（Didier Baussy）《巴勃罗·毕加索》中的《格尔尼卡》细节图

在空袭的几周之内完成了他 1937 年的史诗级画作，描绘了这一事件。这场炸弹袭击也受到了阿兰·雷乃（Alain Resnais）和保罗·艾吕雅（Paul Éluard）等其他艺术家、作家的关注。西博尔德（W. G. Sebald）在一篇写给《纽约客》的文章里——后来成为了他的《毁灭的自然史》（2003）一书中的一部分——写到 1943

年针对汉堡的同盟国轰炸，在这场轰炸过后：

> “遍地都是面目全非的尸体，其中许多还闪着蓝色磷光的火苗，其他的则被烧成了棕色或紫色，只剩下正常人体的三分之一大。他们被自己融化的脂肪形成的油坑拱了起来……别处，沸腾的锅炉流出沸水，烫煮着成堆的肉和骨头或者整堆尸体。其他遇难者被完全烧焦了，在一千度甚至更高的酷热中成为灰状，以至于一家几口人的遗骸只要用一个洗衣篮就可以装得下。”[19]

西博尔德的思考不是要为纳粹德国开脱罪行，也不是想掩盖它在战争期间有组织的种族屠杀的残酷历史。就像库尔特·冯内古特（Kurt Vonnegut）和韩约翰（John Hersey）在

《五号屠场》（1969）和《广岛》（1946）里所做的那样，西博尔德强调了总体战在道德上的模糊性。在总体战中，战士与平民、朋友与敌人、对与错之间的截然区分可以被轻易瓦解，这是现代空投炸弹的发明所摧毁的原则。正如斯文·林德奎斯特（Sven Lindqvist）在《轰炸的历史》（2001）里提到的那样，这项技术曾专门在被殖民者和其他有色“原住民”身上进行试验。第二次意大利-埃塞俄比亚战争中意大利人对埃塞俄比亚人的屠杀、在广岛长崎投下的原子弹、柬埔寨的地毯式轰炸、越南的凝固汽油弹无差别袭击也都印证了这一事实。这种灾难从格尔尼卡遇难的平民延续到了潘金福（Phan Thi Kim Phúc）身上，她是在美军的凝固汽油弹袭击中幸存下来的九岁小女孩，摄影师黄幼公（Nick Ut）为她拍摄了一张经典的照片，几乎就是爱德华·蒙克（Edvard Munch）

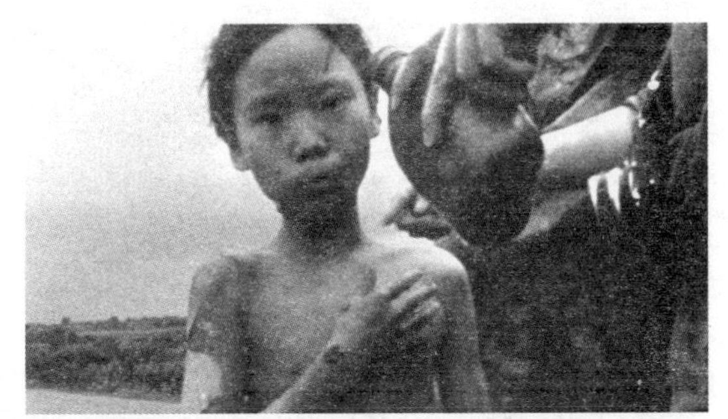
彼得·戴维斯《心灵与意志》(1974)里的潘金福

《呐喊》(1893)令人心悸的现实翻版。

上述这些例子中时间靠后的那些，还要归功于技术创新。喷气推进工程学（jet propulsion engineering）是航空业早期的几大潮流之一，其起源也可以追溯到古埃及和中世纪的中国，当时科学家们对压缩气体和蒸汽进行试验。很久以后，大不列颠和德国在1920、1930年代最早提出了喷气推动飞机的设想。到了1939年八月，第一家喷气式飞机、亨克尔设计的HE-178在德国起飞。二战鼓励了这

DH. 106 德·哈维兰彗星型客机

项新技术的发展，1944 年出现了第一家喷气战斗机梅塞施密特 Me－262“飞燕”。到了 1949 年 7 月，第一家商用喷气机 DH. 106 德·哈维兰彗星型客机进行试飞。这架飞机第一眼看上去就非常眼熟，很像我们今天熟悉的商用飞机的形态和设计风格。它在 1952 年开始客机服务，英国海外航空公司（后来的英国航空）为其引入了从伦敦到约翰内斯堡和从伦敦到东京的航线。波音公司也不甘示弱，研制了波音707，在1958年投入使用。在彗星型飞机的多次坠机事件后，波音707成为了1970年代最受欢迎的商用喷气机。美国航天业——以及时差——的崛起开始了。

目眩神迷

科技是抹除历史的一种方式。它被看作反映当下与未来的一面镜子，也因此被向往，而不被当成是对过去的忠实再现。它主动摒弃过时的东西。但是，要理解时差的起源及其可能的未来，必须要理解上文所述的背景，包括睿智的博学者、工程学的既往成就、企业的雄心壮志、军事上的罪行。时差不仅仅是一种临时的生理效应。它是技术创新与伊卡洛斯式野心的结果。它是历史的效应。

在写作此书的过程中，我想过为什么我们这代人——也就是1960年代后期以及1970年代出生的 X 世代人[1]——可以说是第一批对时差习以为常的人，以及是否可以说这是一种有意义的代际特征。当然，每个人都或多或少受时差之苦，无论年龄、性别、种族、阶级，更不用说代际了。但是，去确认出生年代、技术以及作为一种群体标志（“时差一代”）的疲惫感之间的交汇，是不是有其自身的历史目的或文化价值？

我认为有，其意涵超过了时差本身。在历史性的意义上把自己和时差联系起来，是要去测定快速的社会转型，是要意识到我们所身处的快节奏生活的起源——这一点我稍后还会提到。正如宗教学者马克·C·泰勒（Mark C. Taylor）所说，速度不仅仅有办法

---

1 X 世代人（Gen-Xer），由英语中的 Excluding 的字母 X 而来，一般写作 eXcluding，意味着“被排挤的世代”，一般涵盖 1965 年至 1976 年出生的人。

消灭空间和时间，还有办法消灭记忆。[20] 我在这本“备忘录-非讲座”（memo-non-lecture）中刻画的航空业的浪漫主义和反浪漫主义，提供了一种回忆我们从何处来、往何处去的方法。

“如此仓促，如此不耐，我们的机器是后果而不是原因。”E. M. 齐奥朗在《坠入时间》里这样描述工业技术及其不断发展，“不是技术让文明人走向灭亡，而是文明人发明了技术，因为他们已经在走向灭亡的道路上了。他寻求各种手段和辅助工具来更快、更有效地走向灭亡。”[21] 类似地，马丁·海德格尔在《关于技术的追问》（1954）里认为：“技术的本质绝不是技术性的……我们到处被技术所囿限而失去自由，无论我们热情接受这一结果还是矢口否认。”[22] 技术及其创新绝不能被看作是中性的。跟随着齐奥朗和海德格尔的洞见，我们需要更清醒地思考我们在何种意义上不是机器及其节奏的受害者，而是我们自己的受害者。

然而我们一定不能放弃我们的想象力。人

伊夫·克莱因（Yves Klein），《跃入虚空》，1960

类野心、技术、飞行梦想之间的汇合，最终呈 058
现于伊夫·克莱因《跃入虚空》（1960）的画面里。这部作品使用的技术是摄影，但就像气球、飞机和其他飞行器一样，它传达了飞行的大胆幻想。这张照片——由哈利·舒克（Harry Shunk）和亚诺什·肯德（János Kende）[1] 拍摄、编辑——捕捉了半空中的克莱因，他似乎很快就会受伤甚至可能死亡。这张照片拥有一种独特的自杀式的恐怖感，但也表现了飞行的那种直接的兴奋感，无论多么短暂。这是亨利·卡蒂埃-布列松（Henri Cartier-Bresson）所说的“决定性瞬间”（尽管这是新达达主义[2] 的作品）， 059
游戏般地并置了人类的飞行、中景的自行车骑行以及几乎隐没在背景处的一列火车。在这些

1 原文此处将人名拼写为 János Kender，应为 János Kende。

2 新达达主义，二十世纪五六十年代美国的艺术流派，延续达达主义的精神，强调现代的材料、流行的图像、荒诞的对比。

元素的加总之下，克莱因的艺术作品在1960年代——时差的第一个十年——的开端提出了复杂的问题。飞行的快乐会把我们带向何处？代价又是什么？

2

巴别钟

时间是一种幻觉。午餐时间更是如此。

——道格拉斯·亚当斯，《银河系漫游指南》(1979)

时间感是我们作为人类最基本的特征之一。我们如何度日，如何通过经验积累来思考自己的身份认同，如何想象（或者选择忽略）我们的终有一死——生活中这些普通的方面定义了我们的世界观和生活方式。毫不夸张地说，我们在生活中最关心的是如何从我们拥有的时间中创造意义。尽管这是老生常谈，我们已经习惯于以各种方式回答这一问题——教育上的成功、职业上的收获、家庭幸福、公民责任、精神启蒙等通常被奉为合理度过一生的基本元素。

然而，这些寻求完整、持久幸福的基本要素，经常伴有风险。我们的生活分裂成个人和公共的时间表，这些时间表组织着年月日，可能有长进，也可能停滞不前。庆祝生日、宗教或世俗的节庆以及其他活动，为时间直接赋予了形状和意义。我们可以从这种感知时间的日常层面上进行规划。但是我们和时间之间的终极关系——我们在生理上终有一死——被这种更具体可感的日常生活视域所掩盖，乃至被彻底抛诸脑后了。正如城市理论家大卫·哈维（David Harvey）写到的那样，反复的循环带来了“一种安全感，仿佛我们所处的世界永远朝着未知的苍穹前进、上升”。[1] 由此，年历和日常作息的平凡性与规律性，可以让时间带有更虚幻的性质，无论是确凿无疑的安全性，死亡的永恒延宕，还是道格拉斯·亚当斯所说的那种午餐时间的美好。

时间既是也不是幻觉。由于兼具技术性、生物性、时间性的元素，时差确认了这一悖论。无论航空旅行增加还是减少了时间，都存在着一种个人感受和时间之间的暂时脱节——一种非现实（unreality）。在这个意义上，我们所认为的客观计时，其实也受到了社会的影响，如果不是完全被社会编造的话。计时——或者说测时法（chronometry）——一向具有这种张力，人类的印记影响着科学的公正性。

测时法本身是一种历史的构造，是时间的产物。比如说，从罗马时期开始一年有十二个月，起源于公元前45年尤利乌斯·恺撒（Julius Caesar）建立的尤利乌斯公历，1582年格列高利十三世修改了这一历法，形成了今天人们采用的格列高利历。一周七天的起源甚至更早——希伯来圣经里的《创世纪》指向了一个传统——关系到公元前五世纪的巴比伦文献里最初记载的天体运动，后来希腊、波斯、印度、中国也观察到了这些现象。类似地，一天二十四小时也历史悠久，但从十九世纪末才开始逐渐规范化。这些久远的计时方法，展现了人类理解星球运动、地球每天自转一圈以及（可由季节变迁观察到的）地球绕太阳每年公转一圈的历史。这是一种自然的天体时间，不是被人发明出来的。但是，我们对这些循环的因果关系的认知、我们的计时单位及其实行，并不是完美的，而是受制于科学争论与政治分歧、本土文化时间与偏颇的经济诱因。阳历比阴历更常用，就是因为人类在客观中立的宇宙中还能进行选择。

计时的规模很重要。在这些计时方式及其意义中，完美的时钟其实可能是人体。正如马丁·海德格尔所言，在世存在“自身就是时钟”。[2] 时差似乎印证了这一观念。身体不以我们熟知的方式计量时间。但它无疑提供了最重要的时间感，无论它对时间的把握是多么难以捉摸、不规律，或者看似不准确。

064

一旦忽略它，我们就会陷入险境。我们的身体告诉我们何时进食，最佳的睡眠时间是多久，我们什么时候准备好（或者还没准备好）醒来。在另一个层面上，青春期、更年期、生理功能的逐渐衰退，这些生理状况让我们意识到个体和集体时间的流逝。我们都会经历衰老和生理死亡，这并非幻觉。时差提醒了我们——无论这种提醒是多么短暂——这种无法逆转的天生的时钟。

我们用来计时的种种机械工具以不同的方

式处理时间。尽管是有目的，而且无疑是富有效用的，时间的自动化转移了我们对自己生理节奏、习惯以及自然世界的关注。我们都知道，通过看表或掌上电子设备来了解这一天的具体时刻，使我们能够更好地利用自己的时间，无论这种时间是否有限。然而，生理时间与机械时间的差异可能被轻易消弭。二者之间经常存在着一种潜在的高下等级，技术创新的白噪音打扰着、掩盖着生物钟传递给我们的信息。的确，无论自觉与否，我们倾向于偏爱机械时间和它的客观视角——时间是无限的，是一种取之不竭的资源。当我们抱怨在某些事情上“耗费了时间”时，我们也有能力为其他事情“挤出时间”，尽管这种期待是一种现代的幻想。这种滋养了日常梦想的美好承诺，与浇灭这种理想主义的长期现实之间，存在着一种认知上的不一致性——欲望与经验的分裂，一种像时差一样的残酷乐观主义。

我把这一章的标题取作“巴别钟”，以此表现关于普世时间和计时的永恒梦想，同时也表现时间在现实的感知与实践中的多样性。它展示了将我们的生物钟与由家庭、事业、个人目标所定义的社会时钟（social clock）协调一致的野心，而二者之间的差距在今天似乎格外分明。圣经里巴别塔的故事是关于人类希望通过建造巨塔来抵达天际乃至神圣地位，但上帝最终阻止了这个计划，并使人类分散到世界各地。当时人们还说着同一种语言，后来被语言进一步分隔。普世时间的理念，以及计时的历史，有着相同的关于雄心壮志与四处流散、无所不知与终难完满的主题。这种两难困扰着从伽利略到爱因斯坦等思想家。

时差是这种长期梦想的一部分。它不仅仅是前一章描述的技术创新的结果，也是机械与生理这两种相互矛盾的时间秩序的怪异产物。这本“备忘录-非讲座”处理前一问题：时差作为十九世纪以来全球时间规范化的意外效应。我们通过跨越几个时区来计算、理解时差。然而，除了这些诉诸时间客观性的尝试，时差也体现了时间在何种程度上仍是一种主观的、人为的经验。忍受时差不仅是在感受航空技术的速度，还是在遭遇时间的现代空间图绘（modern spatial mapping）——时间在何种意义上是我们生活的基石。

更简的时间简史

在导言部分，我宣称现代就是明白时间意味着什么。现代生活赋予了一种尤其敏锐的时间意识与感受——通过小时、秒，甚至毫秒来计算。“现代工业时期的关键机器是时钟而不是蒸汽机。”刘易斯·芒福德（Lewis

Mumford）在他的经典著作《技术与文明》（1934）中写道，“因为时钟在每一发展阶段都是机器的杰出实例，也是其典型象征：即使在今天，没有其他任何一种机器像时钟一样无所不在。”[3] 1930年代的这一论断毫不过时，反而愈加准确。脸书、推特、图享等在线平台，通过固定的时间轴、即时评论，以及用摄影这种普世语言来记录生活点滴，使我们的生活变得数字化，这进一步加强了时间的无所不在以及我们对其的强烈意识。这些新的形态本身不是时钟，——从涵盖的范围来看，它们更像某种档案记录，而不是展示那种可以预见到未来的时间循环——但它们确实构成了一种计时方法。我们数字化的自我，很好地体现了海德格尔关于存在即时间的观点。

但同样地，计时是人类文明中的一项长期实践。目前已知的最早机器之一——安提凯希拉装置（Antikythera Mechanism）（约公元前150—100年），得名于希腊的安提凯希拉岛，1900年沉船残骸在那里被发现——被认为记录了恒星和星星的运动，并在这一过程中临时记录下了时间。这种所谓的“时间绘图法”(cartographies of time)——即通过时间轴、时刻表、家谱、流程图等视觉-空间形式来描绘时间——同样有悠久的历史。历史学家安东尼·格拉夫顿（Anthony Grafton）和丹尼尔·罗森伯格（Daniel Rosenberg）考察过西方文化中这些“时间地图”（time maps）的各种方法与形态。[4] 一个著名的例子是洛伦兹·福斯特(Lorenz Faust)的《但以理解剖图》（1586）的一幅插图，该图利用如题所示的圣经《但以理书》中但以理的人体构造，来组织、诠释一些事件和政治制度，并设想未来。这是历史与预言在视觉上的全新交汇，因为《但以理书》

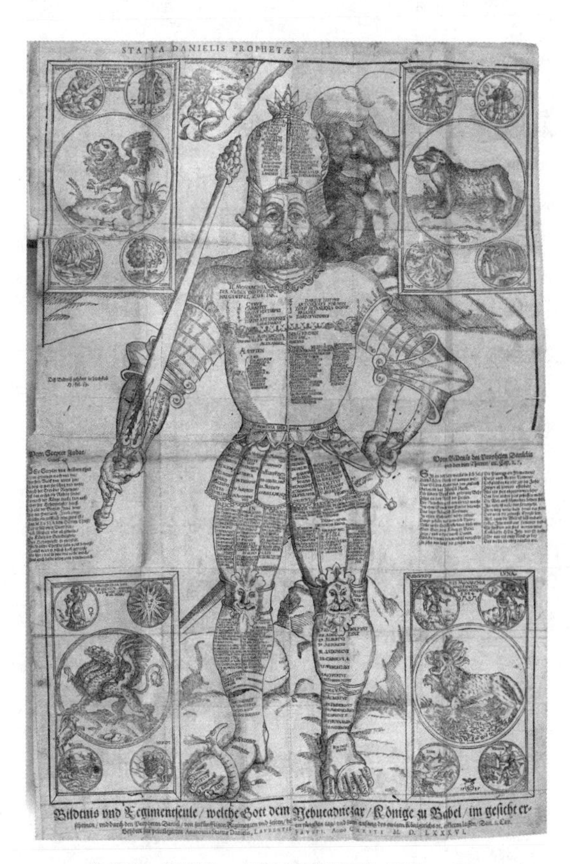

洛伦兹·福斯特，《但以理解剖图》插图，1586

就是关于来世与末世的。[5] 一个更众所周知的例子是基本时间轴，今天人们习惯用它来为时间赋予空间形式与方向。尽管如此，它仍是一个相对晚近的技术，一个从十八世纪开始才被广泛使用的工具。约瑟夫·普里斯特利（Joseph Priestley）的《传记图表》（1765）是最早依靠时间轴来描绘、解释时间进程的作品之一。然而，这种成功的、清晰的线性时间观或许太简单化了。时间轴提供了一个示意性的视觉模型，而不是对历史变化的多重方向和复杂情节的描摹。[6]

069　这些对过去的编年史家（chronographers of the past）的想象力与创造力，间接展现了今天的计时方式——电子钟代表了我们功能性的当下——在创意上的相对匮乏。当然，家谱、流程图、时刻表依然很常用。但精确度可能导致平庸。此外，我们需要区分日常的计时方式和我们对更深入地理解历史的追求。像普里斯特利这样的“编年史家”发明了因果序列来组织时间，通过人为或自然灾难、帝系表（king lists）、天体运动来解释从过去到现在的历史轨迹。另一方面，计时曾经——而且现在依然——关涉到日夜间的时间安排，尽管这种由光照所决定的制式在上世纪迅速式微。过去，时钟与自然世界紧密相连——想想日晷、天文钟、蜡烛钟、水钟、沙漏钟，每一种都依赖外界的刺激物（阳光、星球、重力）以及不断地测试，靠外物确定时间。机械钟发明于八世纪的中国以及后来中世纪的欧洲，它没有完全摆脱自然——重力是无所不在的——但预示了计时可以脱离于自然世界里的季节变化和天体运动的节奏。确实，它标志着一种转型，启发了新的关于时间以及我们如何受制于时间的哲学思考——不仅仅是神学家们所关心的末世理论，而是关于时间如何在更世俗、日常的意义上被有效利用。正如芒福德所说，中世纪本笃会修士们——因工作伦理而闻名——发展的计时法展现了“时钟不仅仅是记录时间的方式，而且使人们的行动变得同步”。[7]

这一转变同步于哥白尼革命，开启了新的科学思想视域，使得时间、天体运动、自然世界可以通过演绎推理（而非神圣意志的信仰领域）来体察和理解。欧洲对美洲的“发现”与殖民进一步推动了这场革命，为西方知识本身带来了挫败乃至深刻的转变，包括全球时间(global time) 的观念。在现代早期，科学事业最大的追求之一是为了导航和全球化计时的需要测定经纬度。如果这在现在看来似乎平淡无奇——不过是小学就在教室里的地球仪上学到过的关于赤道、格林尼治标准时间、南北回归线的知识——这些轴线促成了欧洲通过更精确的绘图法来实现其全球扩张。把世界切分成东南西北各个方向的坐标的想法，有着悠久的历史，托勒密二世纪的《地理学》展示了这种早期的想法。一千三百年后，克里斯托弗·哥伦布（Christopher Columbus）在他跨越大西洋的重要航行中用托勒密的一本早期地图集来向西导航。然而，当时尚未明确的是，在向东方或西方的导航中如何确定地点、距离、时间，哥伦布就是一个重要的例子。纬度决定了赤道以北或赤道以南的地点，可以通过测定太阳和星体与地平线的相对位置来加以确定——尤其是北极星，自古以来被用于导航。经度则需要一种不同的策略。

像戴瓦·梭贝尔（Dava Sobel）在她广为流行的关于经度的历史里写到的那样，测量每个人所处的位置有多靠东或多靠西，需要对自身从出发地到达当下位置的航行时间作出精确的判断。当时还没有可以确认时差的现代通讯手段，更没有精确的计时方法，因此产生了很多误差。结果，船只在海洋中迷航，许多船员和货品沉入海底。这不代表当时没有办法避免这种灾难。两种常见的方法是跟随信风，以及追踪其他船只的航线。但这些方法存在着缺陷，因为洋流难以预测，而风势也有可能消失，这样一来就别无他法了。使用同样的航道也难免招来海盗。雾气和阴霾的天空也可能阻碍人们通过星体来进行纬度导航。进入新海域愈发加剧了这种潜在的危险性。总而言之，许多航海国家都希望找到测量经度的方法。英国 1714 年的经度法案是这种热切渴望的一个例证，为测定经度提供了高额的奖金。由于其中牵涉到的帝国权力的野心和规模，经度不只是一个科学问题，而是有着巨大的政治与经济意涵。确实，经度的法定测量地是西印度群岛，当地大量的金融资本被投入到利润极其丰厚的制糖业，其生产者是非洲黑奴。[8]

早期的尝试集中在天文观测上，抱持着对理性的信仰：如果纬度可以由星体测定，经度也可以。意大利天文学家伽利略·伽利莱(Galileo Galilei)——他在哥白尼革命中扮演了关键的角色，哥白尼革命提出地球绕着太阳转，而不是之前人们以为的太阳绕着地球转——是这一问题的应对者之一。他用木星的卫星及其轨道的规律性来建立了一个时刻表，领航员可以在夜间参考、依靠这个时刻表。这种方法显然很低级，不仅现在看来如此，当时的人也会这么认为。尽管如此，它在伽利略死后被广泛接受。具体而言，望远镜的发明令人们认识到天体运动的重要性，并赋予了人们新的能力。十七世纪，人们开始试图测绘整个宇宙——这项计划持续至今——因此在巴黎和格林尼治建造了天文观测台。

然而，除了这种测定经度的天文方法之外还有另一种方法，其结果影响了我们对时差的理解。这种办法基本上就是在船上放一个机械钟——“航海经线仪”——用来持续记录出发地的时间，因此领航员能够计算船上时间和出发地时间的差异。通过这种时间差——或者说时差——水手可以计算出这艘船向东或向西航行了多少经度。关键在于发明一种精准可靠的机械钟。伽利略又一次在死后影响了这段历史，他设想了钟摆可以成为一种可行可靠的计时机制。但钟摆会受到船只摇晃的影响，使这一机制不适用于海上计时。十七世纪，荷兰天文学家克里斯蒂安·惠更斯（Christiaan Huygens）和英国科学家罗伯特·胡克（Robert Hooke）研发了一种可以避免钟摆不稳的弹簧机制，并为这项发明申请了个人专利。

然而，自学成才的专业木匠约翰·哈里森(John Harrison)最终发明了一系列精准可靠的钟表——H-1（哈里森1号）、H-2、H-3。1737年，英国经度局正式承认了哈里森发明H-1的成就。然而，哈里森一向是个完美主义者，他在1759年因为H-4的发明而享誉终身。它最主要的突破在于尺寸：最早的H-1里的钟有七十五磅重，H-4则只有三磅重。[9] 这项创新，以及来自詹姆斯·库克船长——他在太平洋探险时用了H-4钟——的盛赞，使得机械计时法在与月相表、月距计时法的竞争中胜出，成为了更受欢迎的导航方式。月相表、月距计时法的支持者——例如哈里森的劲敌内维尔·马斯基林（Nevil Maskelyne）——认为只要有一定的知识，人人都可以学会天体导航。天上的天体运动，和一个古怪的自学成才者发明的、独树一帜的机械工具，哪一个更值得信赖呢？

古怪的那一方获胜了。人人都知道，看表比掌握行星运动的规律要容易——后者在关于机器和自然知识的现代竞争中又一次阵亡。尽管如此，机械计时法的实行带来了重要的后果。十九世纪，时钟使帝国侵略者对导航有了信心，从而推动了帝国的扩张。不仅如此，它还助长了对于人造机器能够战胜自然世界的与日俱增的信心——我们今天对这种信心再熟悉不过了。技术在经度导航上非常有用，但人们选择了人造机器而非天体导航，产生了持久的后果，以至于后来当政治与商业利益介入时，人们已经别无选择了。渐渐地，天不再高高在上了。在这个意义上，对经度的探究对于理解全球资本主义的崛起而言非常重要，就像时差对于理解全球资本主义在当下的生理限度非常重要一样。确实，测量经度对于正式划定时区而言至关重要，时区正是时差的时间基础。对时间的全球测绘，开始于十九世纪后期这项跨越社会与科学领域的探索。

1884 年，国际子午线会议在华盛顿哥伦比亚特区举办，旨在确定国际标准计时所依据的本初子午线。

格林尼治子午线被选为零度经线，出现了格林尼治标准时间（GMT），尽管早在格林尼治建立了天文观测台时就已经有了格林尼治子午线。协调世界时（UTC）稍有不同，在 1960 年取代了格林尼治标准时间，沿用至今。然而，普世标准的建立，不仅反映了科学知识的不断发展与计时精确度的不断提高，也反映了逐渐增长的商业利益，例如铁路和电报通讯，这些工业都很关心如何将时间表同步化。“铁路时间”，也就是当地时间如何与火车时刻表协调一致，在 1840 年成为了一种现象，导致每个火车站都有了时钟。历史学家瓦尼萨·欧格尔（Vanessa Ogle）详细描述了“时间改革”如何在十九世纪成为了一种社会运动——时间改革提出了时间标准化、“夏令日光节约时间”（daylight saving）的问题，并随着同时期的儿童福利、城市贫困救济等社会变革措施一同得到推广。[10] 然而，这些标准化措施面对着来自各地的抵制，尤其是非洲、中东、南亚的帝国殖民地，那里的人们坚守着他们自己围绕宗教历法、月相和其他计时法建立起来的时间感，这些被翁·巴拉克（On Barak）称为“反-节奏”（counter-tempos）。[11] 这些冲突不仅仅反映了文化差异，还反映了如何控制劳动、闲暇与日常生活的具体考量。

关键在于，实行普世时间标准，面对着复杂的社会与政治情况，而不仅仅是科学上的反对者。此外，对时间差异的标准化依然没有彻底实现。中国尽管幅员辽阔，但直到今天还只有一个时区。法国采用中欧时间，尽管本初子午线经过了法国，因此法国如果采用格林尼治标准时间会更准确。印度标准时间和其他时区的差异以半点而非整点计算（协调世界时＋05：30）。而且只需要看一看美国的各个时区，就能明白每个州的边界在对时间的规定中扮演了怎样的角色。由此看来，本书导言部分提到的那些对时间的哲学思考，必须把对时间的政治划定一并纳入考量。这些立场和手段不仅仅是有闲的精英思想家的产物。这些不合理的时区划分也凸显出一个事实：要想应对时差，关注我们自己的身体比关注机械化的时间更有用。

确实，尽管人们对宇宙的理解依然建立在“时间外在于人类知觉”这一科学信念之上，亨利·庞加莱（Henri Poincaré）和阿尔伯特·

爱因斯坦（Albert Einstein）等物理学家在根本上改变了伊萨克·牛顿（Issac Newton）在十七世纪提出的关于时间绝对性的论点——用历史学家彼得·盖里森（Peter Galison）的话说，“一条单一的、流动不息的时间之河”。庞加莱和爱因斯坦解答了如何将时间同步化的问题。正如盖里森所言，庞加莱的时间相对性理论没有得到应有的赞誉。这个理论基于他在法国经度管理局的工作，以及他为了实现同步化所面临的实践和理论上的难题。简单来说，两座钟——一座在巴黎，一座在柏林——可能都显示现在是中午十二点，但这种同时性忽略了两地之间的地理距离，因而忽略了一个条件：我们可以假设一个信号以光速从巴黎传到了柏林，而信号传达所需的时间没有被考虑在内。这种额外的时间差表明，同时性并不存在。即使一毫秒也有意义。在这个意义上，时间受制于空间环境。不能割裂空间与时间。[12]

爱因斯坦的相对论关注这些因素以及重力问题。基于时区和全球计时在实践上的问题，他在《论动体的电动力学》（1905）一文中最早提出了相对论。毕竟，爱因斯坦本人最初是瑞士伯尔尼专利局的一名职员。他对应用与理论、具体与抽象之间的相互作用的关注，使他意识到盖里森所说的“事物与思想相对立”——一个站不住脚却很常见的二元对立——将科学场域、社会史与思想史割裂开来，也使科学、哲学、技术等学科泾渭分明。[13] 在这个意义上，我们应该关注亨利·柏格森、埃德蒙德·胡塞尔、庞加莱、爱因斯坦这些思想家之间在处理时间问题上的相似性。他们确实有所分歧。爱因斯坦和柏格森公开批评对方——这两位诺贝尔奖得主不仅代表了他们各自在时间和相对性问题上的贡献，也代表了更大范围内对时间的科学研究与人文研究之间的对立。[14]

078

这些观点不仅强调了时间的可变性以及斯诺（C. P. Snow）所说的科学与人文“两种文化”之间的张力，而且又一次解释了时差背后有许多故事，远远不止于人们下飞机后的疲惫感。当我们看表或查看手机、然后慢慢适应新时区，我们服从于一个先于我们存在的时间化了的世界系统。当我们应对自己的生理感受和时间之间的不一致时，关于时间的本质与计量的思想史有了一次小型的重演。就像时间本身一样，时差不是幻觉。但也像时间一样，时差的人为因素使我们在亘古不变的自然面前艰难地适应、推进、超越我们既有的局限性。

时间的褶皱

在《十分之一秒》（2009）一书中，希梅纳·卡纳莱斯（Jimena Canales）论证了现代时期为什么不应该仅仅从新的意识形态和政治革命来进行定义——这是一种宏大叙事的传统——而应该辅以科学计时的角度来加以理解。[15] 钟表学（horology）的历史是现代性历史的一个重要部分，也是其进步宣言的一部分。然而，计时标准化的过程也曲折重重。在她研究的案例中，“十分之一秒”作为计量单位，在心理学、电影、物理学、哲学等领域引起了广泛争议，因为人们认为这个微小的单位不过就是转念一瞬的时间。类似地，托马斯·品钦在他的历史小说《梅森和迪克逊》（1997）里探索了科学计时的误差与深远后果。尽管现代早期的土地勘测可能不是我们能想到的最吸引人的主题，品钦从这个主题入手，重新书写了北美的历史。书中有真人原型的主人公——天文学家查尔斯·梅森和勘测员耶利米·迪克逊——在美国独立战争前夕负责测定宾夕法尼亚州和马里兰州之间的界限，成功创造了南部与北部的分界，影响了——如果不是直接导致了——南北战争。有什么能比虚构作品(fiction)更适合用来探索疆界的虚构性(fiction)？品钦的叙事中不断加深的悲剧色彩，不仅仅预言着即将到来的战争，也关系到人类的野心如何误用了科学测量，乃至最终摧毁了知识本身。书中前半段写到的金星凌日（the Transit of Venus)[1]的天文现象，以及最终对那条著名界限的划定，凸显了自然天体的完美性与人类在尘世的愚行之间的对比。

克里斯·马克在他的散文电影《日月无光》(1983)里以更晦涩凌乱的手法提出了类似的关于地点、时间、虚构的问题。这部电影

1 金星凌日（the Transit of Venus)，太阳和地球之间的行星金星像暗斑一样掠过太阳表面，并且遮蔽一小部分太阳对地辐射的天文现象。

无关于时差本身，但由于该片对时间的关注，以及故事本身从日本、几内亚比索、旧金山到冰岛的跨越不同经度的空间转移，依然传递出了一种倒时差的感受。“他说，十九世纪人们开始臣服于空间。二十世纪的重要问题则是不同时间观点如何共存。”影片开头的旁白沉吟道。这一开场展现了马克关于运动和时间的主题——就像《堤》里那样——同时也提示了一种政治关切。他讲述革命性的第三世界主义（Third Worldism）[1] 的纪录片《红在革命蔓延时》(1977) 最能体现他的政治观。然而，在这部纪录片里，他的观点很像马克思主义关于全球资本主义如何征服时空的箴言。正如马克思在《政治经济学批判大纲》（1857—1858）里提到的，资

080

1 第三世界主义（Third Worldism），在 1940 年代晚期至 1950 年代早期冷战时期出现的政治理念与意识形态，旨在团结起不愿加入美国或苏联阵营的国家。

本主义战胜了地理疆界，以不断增长的速度与效率寻找新的市场，导致“时间消灭了空间”。[16]

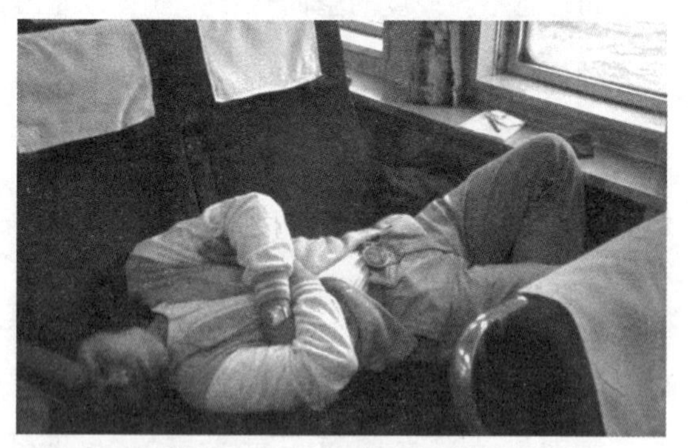

克里斯·马克导演的《日月无光》，1983

十九世纪的这一观点在今天看来非常正确。可以说，时差就像是时间消灭空间的感受。但这种消灭是不彻底的。马克思所说的那种消灭的方式——资本主义的高速运作——需要生产与消费的同时性，而这是不可能达到的。这种速度依然受制于人类的局限。确实，正如人类学家约翰内斯·费边（Johannes Fabian）在许多场合提到的那样，人们经常出于对抗性的政治、文化原因，否认彼此之间的同时共代性(coevalness)——即共同生存于某个时代的时间框架之内。[17] 在这些特定情况下，这或许不是件坏事。瓦尔特·本雅明写到过现代性的“同质而空洞的时间”(homogenous, empty time)，这一概念代表着时间的世俗化以及广阔的可能性，但也指向了其可能导致的恐惧感与不确定性，需要不断重新思考如何界定“进步”。[18] 同样地，我们要对十七世纪伽利略、牛顿的研究所开启的关于普世时间的梦想——巴别钟——的用途与价值抱持批判与警惕。现代计时方法与全球资本主义的同时出现并非偶然。“我们越是考察时间，就越会将其认作某个可疑的‘人物’，想要一探究竟。最终，我们会臣服于它的力量与魅力。”E. M. 齐奥朗这样写道，“这距离偶像崇拜与自我奴役只有一步之遥。”[19]

3

昼夜节律与蓝调

我睡着了，也没睡着。

——费尔南多·佩索阿（Fernando Pessoa），《惶然录》（1982）

如何根据人们和睡眠之间的关系来描述不同类型的性格，是一个很有趣的课题。譬如，我们把在夜间工作的人称为“夜猫子”，把更喜欢在早上工作的人称为“晨型人”或者“早起鸟”。在这种流行心理学（folk psychology）中，时间与鸟类生活有着直接的联系。在本书的语境中，或许可以把这个说法改成时间和飞行之间的联系。医学心理学教授、《内在时间》(2012)——一本关于睡眠科学的著作——的作者提尔·罗内伯格（Till Roenneberg）探讨了为何这些认为早起者比晚起者更有优势的文化习语会广为流传，前者甚至被认为更有道德观念，后者往往被冠以懒惰的罪名。然而，罗内伯格反对这一判断。这些文化上的刻板印象在前现代就已经出现了，反映了日光之于前工业社会中狩猎、采集以及类似的维生之道至关重要。[1] 但这些流行的形容方式不能解释为什么今天有些人一直起得很早，而有些人一直起得很晚。

威廉·吉布森的《模式识别》(2003)——不同于他的很多其他作品，这是一本关于当代全球状况的小说——一开篇就借主人公凯斯·波拉德（Cayce Pollard）之口提出了关于时差的初步理论。吉布森写道，在一场从伦敦到纽约的长途飞行后，“她的灵魂拖在她身后，像被一条鬼魅般的脐带连接着，在几万英尺的大西洋上空，举步维艰地跟随着把她带到这个地方的那架飞机的尾迹。”“灵魂不能移动得那么快。”吉布森接着写道，“因此拖在身后，到站时需要等灵魂追上来，就像等待遗失的行李一样。”[2] 这个片段与布鲁斯·查特文（Bruce Chatwin）考察原住民文化的作品《歌之版图》（1987）惊人地相似。“一个身在非洲的白人探险者，迫不及待地想要加快他的旅程，想多付些钱请他的搬运工再多走几段路。此时离目的地已经很近了，但搬运工们卸下了行李不愿再走，”查特文描述道，“无论多付多少钱也无法说服他们。他们说必须等他们的灵魂跟上来。”[3]

罗内伯格、吉布森、查特文描述的这些相互关联的片刻，勾勒了本章的范围和重点——睡眠的生物学，运动与休息的文化，以及它们如何影响时差。由于太快跨越了不同的时区，085 时差的表现通常包括无眠的夜晚、疲倦的白天、衰弱的精神力量以及其他不适感，比如食欲不振、情绪焦躁。我们感到错位、失落，需要时间来追赶上自己。确实，就像吉布森和查特文笔下的主人公那样，这种短暂的状态使我们不得不去思考我们和机械时间——与生物时间相对立——之间的关系，因为我们抬高了机械时间而忽略了生物时间，造成了对我们自身的损害。前两者讨论了时差的两个基本组成部分——航空技术，以及我们所面对的全球计时的无形基础。然而，调整着我们对速度和低阶时光旅行的回应方式的，是我们的人体构造，以及维持生物钟运作的下丘脑所调节的“昼夜节律”——由拉丁文里的 circa（围绕）和 diem（日）组成。正如吉布森和查特文描绘的那样，旅行可能带来的迷失感，不是凭空而来的，也不是完全个体性的，而是社会性的，并且通常联系着更深层的东西，无论我们将其称作灵魂还是称作一种生理条件。尽管如此，我们对内在的计时（internal timekeeping）越来越视而不见。时间不仅被操纵以创造不同的时间性（temporalities）——约翰内斯·费边称之为对时间的“裂殖”（schizogenic）性使用——而且在更日常的层面上，时间也会被有意无意地忽略。[4] 法国社会学家乔治·古尔维奇（Georges Gurvitch）在《社会时间的光谱》（1964）一书中把这种否认时间的情况称为“欺骗性的时间”，在这种欺骗性的时间里，萌生的危机被暂时掩盖起来。这是由悖论和幻觉主宰的一段时期，相安无事而又危机四伏。[5]

尽管古尔维奇的研究聚焦于特定的社会环境，我们也可以在更日常的意义上理解他的观点，包括从关于时差的叙事作品来理解其含义。诺亚·鲍姆巴赫（Noah Baumbach）的电

086

影《弗兰西丝·哈》（2012）里，格蕾塔·葛韦格（Greta Gerwig）饰演弗兰西丝，一个来到纽约的二十几岁女人，感到自己在大学时光和一种更独立的成人生活之间不知何去何从。在这种两难之下，弗兰西丝忽略了自己人生中某些与时间相关的东西。她更像是夜猫子而不是晨型人，无法实现成为专业舞者的梦想，不能接受她在大学期间的挚友离她而去，也不能获得一种整体上的自主性，使她经历了一系列由于金钱、她自己考虑不周的决定以及其他人的决定而带来的挫折。当她最好的朋友索菲（米奇·萨姆纳饰）为了爱情搬离了她们的住处以后，弗兰西丝在唐人街和两个男性朋友一起小住了一段时间，回到萨克拉门托过圣诞，最后为了攒钱而在她的母校打暑期工，陷入了人生的最低谷——这种回归为她带来了转机。在这段经历之前，她临时起意去巴黎过了一个周末。鉴于她的经济状况，这是个不明智的选择，但她获得了免费的住宿。尽管为了逃避而来到巴黎似乎很令人向往，弗兰西丝被时差击垮了。到了巴黎的第一夜，她无法入睡，然后一直睡到黄昏。她没有收到任何来自朋友的消息。她阅读普鲁斯特的书。第二天又是同样的循环。她很快飞回了纽约，心愿依然没有实现。

这是弗兰西丝犯下的诸多错误里的一个插曲，但它很好地概括了我们在何种意义上无法

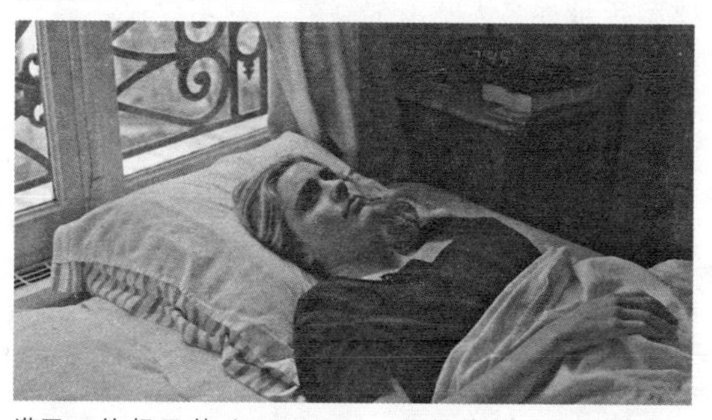

诺亚·鲍姆巴赫（Noah Baumbach）导演的《弗兰西丝·哈》，2012

对时差作出预期。我们喜欢自我欺骗。我们总是先想象旅行的自由自在，而以为时差是次要的。时差为《迷失东京》里的夏洛特开启了一系列可能性以及对人生的思考，但弗兰西丝像我们大多数人一样遭受着时差的困扰——这是一种需要忍受的不适感，而且我们无法确定它何时开始，何时结束。弗兰西丝体验到了关于时差的柏拉图理念。但鲍姆巴赫对人物的刻画——包括对《追忆似水年华》的微小机敏的征引——放大了弗兰西丝身上一个常见的缺陷，也是许多人都有的缺点。她不仅仅不善于理财（就像我们中的许多人一样），而且还不善于管理时间（就像我们中的许多人一样）。随心所欲的性格使她在金钱和时间的管理上都损失惨重。对这个缺点的认识，使她决心通过在大城市打暑期工来解决她的经济困难和个人成长历程中关于时间的困扰。像科波拉一样，鲍姆巴赫用时差这一常见的时间意象来表达、思考人如何变得成熟——通过面对时间来面对时间（confronting time by confronting time）。或者用另一种说法——情绪时差。[6]

088

但生理也很重要。面对时间也意味着面对生理状况。

午间的黑暗

“我知道一件事。当我睡着的时候，我没有恐惧，没有烦恼，没有狂喜。发明了睡眠的人会得到福报。这是可以购买任何东西的通用货币，这是人人都能享受的东西，不分贵贱贤愚。”安德烈·塔可夫斯基（Andrei Tarkovsky）关于大脑的科幻电影《飞向太空》（1972）里的克里斯·凯文（多纳塔斯·巴尼奥尼斯饰）这样说道。“安稳的睡眠只有一个坏处。人们说，它很像死亡。”《飞向太空》改编自史坦尼斯劳·莱姆（Stanisław Lem）1961 年的一本小说，讲述了一位心理学家来到了一座遥远的空间站。那里的宇航员产生了和这座空间站所环绕的索拉里斯星相关的幻觉以及其他奇怪的反应。然而，上述台词来自《堂·吉诃德》，塔可夫斯基故意把这个故事和《堂·吉诃德》不协调地并置在一起，拓展了影片的时间跨度和思想深度。[7] 确实，这一征引体现了影片对于现实和现实主义美学的探询：这部电影可以被看作是对斯大林式社会现实主义的潜在批判。塔可夫斯基和塞万提斯都批判了现实，这种批判部分体现在他们对睡眠的重要性与目的的探讨——睡眠的普遍性，睡眠缓和情绪的特点，但也几乎是一种趋近死亡的无生命性。这是物理世界和梦幻世界的中间状态，睡梦在情绪上的真实性盖过了在物质上的真实性。尽管如此，正如本章开头的题词中费尔南多·佩索阿

089

安德烈·塔可夫斯基导演的《飞向太空》，1972

不无讽刺地暗示的那样，我们在生活中总是偏爱清醒状态。睡眠是什么？为什么我们必须经历睡眠？

像这本书里的许多类似的问题一样，关于这个话题已经有了大量的研究，考察从失眠到嗜睡症等睡眠失序情况，在这两个极端之间有猝睡症（narcolepsy）、睡眠呼吸暂停和不安腿综合征（又称威利斯-埃克波姆症）。同样地，现有的答案可以追溯到古代。柏拉图对睡眠的本质很感兴趣。他认为这是存在与非存在之间的中间状态。他的学生亚里士多德持有类似的观点，认为睡眠是“生命与无生命的中间地带：一个睡着的人看起来既不是完全不存在，也不是完全存在——因为生命无疑关系到清醒的最佳状态。”[8] 他在他的短文《论睡眠与无眠》（约公元前 350 年）里进一步思考了睡眠的需要，结论是睡眠使感官焕然一新，而且睡眠是受胃部控制的。

我们今天称之为睡眠卫生学的东西，在不同的宗教信仰中一直很重要，例如信徒会晨祷和晚祷。睡眠在希腊-罗马、犹太-基督教、佛教、印度教、美洲原住民以及非洲的宗教传统中都扮演了重要的角色，信徒认为在睡眠中可以接收来自另一世界的信息。十四世纪伊斯兰教学者伊本·赫勒敦（Ibn Khaldun）草拟了梦的分类学，包括三种梦：来自真主阿拉的梦，来自天使的梦，以及来自撒旦的梦。睡眠与做梦不再意味着一种完全不存在的状态，而是提供了另一种存在于世界之中的方式。这不仅与柏拉图和亚里士多德的观点形成了对比，也不同于前文提到的现代西方传统中的许多哲学观点。

尽管如此，这项传统依然影响了今天的人们如何理解睡眠。被誉为现代哲学之父的十七世纪哲学家勒内·笛卡尔（René Descartes）反对亚里士多德关于胃部决定睡眠的观点。笛卡尔提出大脑更加重要，具体来说就是他认为灵魂所在的松果腺。松果腺其实是产生褪黑素——调节睡眠和昼夜节律的关键激素——的地方。然而，同一时期比笛卡尔更重要的是十八世纪天文学家让-雅克·德奥图斯·德·马兰（Jean Jacques d'Ortous de Mairan）以及他关于植物生物学的惊人研究。

1729 年夏天，德·马兰注意到盆内栽种的含羞草每天根据昼夜时间开放和关闭叶片，因此提出了一个意义深远的问题：植物是不是像人类和动物一样会“入睡”？德·马兰不仅假设了这个命题为真，还进行了一系列实验，把这株植物放在阴暗处。令人惊讶的是，这些实验表明含羞草的开合不一定取决于是否有光线。这株植物似乎有遵循昼夜循环的内在机制，哪怕没有外界的刺激。这种自然计时能力的奇迹，后来在保罗·克利1924年标志性的戏谑之作《钟表-植物》（Uhrpflanzen）中再次呈现。

德马兰的这些观察，是今天的时间生物学的前身。所有生物体——无论是植物还是动物，蓝鲸还是细杆菌——都有内在的生物钟。时间生物学，顾名思义，研究的是这些有生命的时钟如何运作，以及这种计时方法在何种程度上不仅影响着睡眠与警醒等日常事务，也影响了衰老和生理衰竭的漫长周期。由于历史的

保罗·克利，《钟表-植物》，1924

偶然性，时间生物学最初在 1960 年代中期——也正是出现了第一例时差症状的时期——被认为是一个独立的学科。在德国举办的一场名为“昼夜时钟”（Circadian Clocks）的科学会议探讨了这项提议，尽管时间生物学直到 1979 年才被正式承认为一门独立的学科。[9]它从植物学、动物学、医学等不同领域中逐渐分离出来，远远不只是把盆栽植物放进橱里再拿出来那么简单，不过当时还不能确定是否有必要建立这门更具综合性的独立学科。然而，时间生物学的长期发展很能说明问题。德马兰在现代早期进行的实验没有马上引起关注，也没有获得长期的注意。

092

093

他的真知灼见，需要等到现代工业化崛起后时间越来越机械化，人类越来越疲惫，才引起了科学家的密切关注。

值得强调的是，时间生物学不仅仅关注睡眠或者现代人的疲劳感，但这门学科也不能与现实应用相割裂。批评家乔纳森·克拉里(Jonathan Crary)在《24/7》(2013)一书中注意到，美国国防部投入大量资源用于研究白顶雀——一种在墨西哥和阿拉斯加州之间的季节迁徙中能够七天不睡的候鸟。他们假定这种鸟类的能力背后的科学原理可以用来发展一种“不用睡觉”的战士，可以执行“无限期的任务”。克拉里认为，鉴于技术创新经常从军事用途转为私企所用，这是培养不眠不休的劳动者和不眠不休的消费者的第一步。[10]

这样的研究不是新鲜事了。1925 年生理学家纳撒尼尔·克莱特曼（Nathaniel Kleitman）在芝加哥大学创立了第一间睡眠实验室。他在 1938 年在肯塔基州的猛犸洞穴待了三十二天，研究日照的缺乏对睡眠模式的影响。他发现人体维持着一个接近二十四小时循环的体温浮动周期，用来调节睡眠和清醒，这体现了一个内在的、内因性的生物钟。克莱特曼后来出版了《睡眠与清醒》(1939)，这是该领域的一部经典著作，介绍了“基本休息-活动周期”(BRAC)的概念来描述身体如何在一两个小时的周期内控制疲劳感与警觉性。他后来和他的学生尤金·阿瑟林斯基（Eugene Aserinsky）发展了“快速眼动期”(REM)——睡眠中大脑（为了做梦）快速运转的时间。由于这些原因，克莱特曼被认为是睡眠研究之父。

尽管长途洲际飞行也可能很像在山洞里等待，后面这种研究方法依然很有影响力。明尼苏达大学的医学博士弗朗兹·哈尔伯格（Franz Halberg）在1950年代提出了“昼夜节律”这一术语。植物学家欧文·本林（Erwin Bünning)、生物学家尤尔根·阿绍夫（Jürgen Aschoff)、生物学家科林·皮登觉（Colin Pittendrigh）把这项研究从人体健康拓展到其他生物体，无论是植物还是动物。他们因此被认为是更广义的时间生物学的学科创始人。这些共同的努力能够帮助我们理解今天的时差。例如，阿绍夫效仿克莱特曼以前的猛犸洞穴实验，在德国巴伐利亚州安德赫斯附近建造了地下掩体来考察同步的生理节奏以及内在的去同步化（de-synchronization）的可能性——也就是说，调节一个人的生物钟。[11] 1960 后期的这项研究不仅证实了在隔绝了感官刺激的环境中内在生物钟依然能持续运作，还强调了外界因素（例如变化的光照模式）和先天进化特征——通过各种各样的条件来维持二十四小时的周期，使身体计时趋于稳定——之间的复杂互动。确实，不断变化的环境条件和内生性的生理节律从未完全和谐一致。这种不和谐所揭示的不是进化的缺点，而是恰恰相反：正是因为人类在基因上有着固定的生理规律，身体能够根据昼夜、季节、地理环境进行自我调节，因此不会迅速衰竭。我们的身体看上去可能是不完美的时钟，它们太有个体性，因此不适应现代生活严格的日程表。但比起我们依赖的机械计时工具，它们能更好地回应、更好地适应生活的偶然性。

技术可以瞬间打破稳定和适应之间的平衡。时差是这种人为的去同步化的最佳范例，但它并非孤例。长时间操作机器，夜间巡逻城市街道，在开着日光灯的医院里值夜班，或者坐在桌前看着一成不变的、亮度很高的屏幕——如果我们不去聆听身体的需要，这些都会扰乱我们的生理节奏。就像上文提到的，我们的技术-光线症——无法逃离掌上电子设备和其他科技的人造光——越来越普遍。夜晚消失了，我们活在永恒的、人造的暮光之中。

具体到航空旅行而言，航空技术不同于昼

夜或者季节变化对劳动和生活规律产生的影响。航空的速度削弱了人体迅速、自发作出反应的能力。速度的问题在于不仅让我们感到疲倦，而且甚至在不该感到疲倦的时候精疲力竭，借用亚瑟·库斯勒（Arthur Koestler）的说法，就像中午突然天黑一样。这种失常的疲惫感，强调了一种特定的、每个人独有的“时型”（内在时间设置）。回到夜猫子和晨型人的习语，这一区分不仅仅是社会灌输的结果，而是基因里固有的特点。人类不是完全同步的——全世界的考勤者对此都很绝望。尽管年龄可以影响睡眠（婴儿、儿童、年轻人通常比成年人需要更多睡眠），这种基因倾向是无法改变的。我们内在的计时系统与现代生活的失序模式之间经常产生的冲突，构成了提尔·罗内伯格所说的社会时差（social jet lag）。

096

097

罗格·凯（Roger Kay）导演的《迷离时空：九十年无眠》，1963

结果是，睡眠以及睡眠周期的混乱，和典型的时差一样，都不容易恢复，需要身体的计时系统有耐心重新自我调整，就像校正钟表一样。但我们往往错误地把自己的健康寄托在机械时间的逻辑和要求之上，而不是依赖更自然的时间，就像电视剧《迷离时空》里的《九十年无眠》（1963）那一集里的萨姆·福斯特曼

（埃德·温饰）那样。这是一部关于衰老以及遵循自动化时间的寓言，福斯特曼相信一旦那座由他保管的祖父的钟停止运转，他就会死去。当它真的停了，他没有感受到致命的打击，而是摆脱了一种纯属臆想的束缚。

驻足光明

“速度似乎提供了一种真正现代的快感，”阿道司·赫胥黎（Aldous Huxley）在《亟需新快感》（1931）一文中写道，“的确，人们一向享受速度，但这种享受很晚才不再受限于马匹的承载能力，马的最快速度也不超过每小时三十英里。”他解释道，就像前文引用过的伊塔洛·卡尔维诺一样，“现在，骑马每小时三十英里，感觉比坐火车每小时六十英里、或坐飞机每小时一百英里要快多了。火车太大、太平稳了，飞机又离地面建筑太远了，以至于它们无法让乘客体会到强烈的速度感。汽车足够小，足够接近地面。作为一种迷人的速度供给者，它可以与奔跑的马匹一较高下。”[12] 恩达·杜菲（Enda Duffy）的著作《速度手册》（2009）引用了这段话。他以赫胥黎的观点为切入点，提出了速度与现代性的美学。速度带来了运动，以及现代的感受。赫胥黎不是唯一这样认为的人。

“我们确知，世界由于一种新的美感而变得愈发美丽：速度的美感。”菲利波·托马索·马里内蒂（Filippo Tommaso Marinetti）在《未来主义宣言》（1909）里这样赞叹道。意大利未来主义运动将速度推崇为一种理想。正如他们所宣扬的那样，二十世纪早期的速度政治（the politics of speed）融合了新的技术元素、流行消费品以及个人的力量。速度能从字面义和抽象义两方面来理解。不同于赫胥黎对汽车的重视，意大利的“飞行绘画”（Aeropittura）小组在《飞行绘画宣言》（1929）里提出，飞机提供了一种难能可贵的全新美学视角。他们反对艺术史长期以来对地面事物的偏好。[13] 这个圈子里，在今天最著名的艺术家和作品是图里奥·克拉力（Tullio Crali）和他的画作《在城市上空垂直降落》(1939)。这幅画描绘了这种空中的视角、机械的优越性以及现代能达到的最高速度的眩晕感。然而，这种优越性变成了一种灾难性的政治，包括马里内蒂在内的许多意大利未来主义者支持法西斯主义，误以为法西斯同样提供了一种迅速告别过去、迈向崇高未来的前景。

这些观点触及一个永恒的主题。如果说成为现代人的方式之一是对时间保持敏感，速度——用距离除以时间来计算——就是这种时间意识的一个工具，可以用来掌控时间。时差代表了空间与时间的交汇。但速度有时依然难以捉摸、无法测算。正如杜菲所描述的那样，速度的感觉很重要。

图里奥·克拉力，《在城市上空垂直降落》，1939

100

在现代的探险时代过去之后，速度“在已经没有新的世界空间可以征服时，提供了一种体验空间的新方法”。[14] 确实，正如赫胥黎注意到的，这种感受在人们接近地面的时候最为强烈，比如在汽车上或者马背上——这一点罗兰·巴特（Roland Barthes）在《神话学》(1957) 里的短文《喷射人》中有过详细论述。巴特写道，喷气时代之谜在于，现代航空的速度如何被人们所内化——导致了生理上的不确定性，而非加速所带来的更强烈的刺激感。与喷气时代之前的“飞行员-英雄”刚好相反，喷射人的悖论在于他体验到了静止的生命力（the vitality of motionlessness），“比速度更快”的生命力，因此有了全新的、截然不同的感受。用巴特的话来说，“运动不再是对点和面的视觉感知，而是成为了一种垂直的失序（vertical disorder），充满了矛盾、断裂、恐怖与晕眩。它不再是一种滑翔的感受，而是一种内在的毁灭，一种不自然的骚动，一种身体意识的危险停滞。”[15]

巴特描述的是我们今天称之为时差的东

西。尽管他直接的批判旨归在于解构那种将现代飞行员视为英雄的神话，这些关于乘喷气机旅行的“体感”（coenaesthesis）的简短论述，强调了现代科技创新的矛盾后果——通过最先进的加速手段，既改善也损害了人类的生活。我前面提到过，时差是全球资本主义的间接效应：全球化给人的感觉就像是时差。巴特富有前瞻性的评论进一步支持了这一论断，强调了加速并不总是肉眼可见的——或者用他的话说，不总是“对点和面的视觉感知”——而是一种围绕着生理反应而非清醒反思的内在状态。现代可以指人的内在感受，而不是人的外在样貌；可以指隐蔽的、看不见的东西，而不是外露的奇观。

101

然而，这样的生理反应往往是可见的，正如马丁·艾米斯在关于这个主题的小说《金钱》（1984）里坦承的那样。“我是由时差、文化冲击、时区转换组成的东西。人类就是不应该像这样飞来飞去。”艾米斯借他笔下的非正统派主角、乘客约翰·塞尔夫之口评论道，“焦灼的喉咙、颗粒状的视觉、清零的记忆——这些在我身上都不是第一次发生了，但由于这几天我坐的是星际航班，这些症状比以前还要严重得多。我不得不在半夜起来上厕所。我每天最困的时候想来就来，经常在喝完早餐咖啡之后……整个白天我好像都活在晚上，满脑子都是深夜里才会有的念头，身上流着夜汗。整个晚上呢，我又完全变了个样子，变得进化过度（overevolved），成了黑色大西洋上的一股腥咸的气流。”[16]

吉布森后来的作品中关于跨越大西洋旅行的情节承续了艾米斯书中的这个段落。[1] 速度使

---

1 指上文引述的吉布森《模式识别》中的相关段落。

艾米斯和吉布森笔下的主人公变得无能为力，用非常类似的语言表达了这一困境。尽管如此，与约翰·塞尔夫的看法相反，国家睡眠基金会推荐的最佳时差疗法是避免进食刺激性的食物，到达目的地后在白天保持清醒，尽可能多待在有阳光的地方——借用传声头像乐队（Talking Heads）一张专辑的名字并稍加改动。[1] 这些方式使人体能够尽快适应新地点的自然时间。人的内在生物钟需要重新调整，这个过程需要几天时间——一小时的变化平均需要一天时间来倒时差。因此，如果是从地球的西边往东边飞，倒时差就会更加困难，因为这样一来就提前进入了未来的时间，意味着到站后的一天变短了，因此有更少的日照时间供人调整时差。[17] 但这些因素都可能随着飞行时长和

1 指传声头像乐队 1980 年的专辑《驻足光明》(Remain in Light)。

抵达时间而有所变化。因为这个原因，洲际航班通常被安排在白天降落。也可能需要在饮食上作出改变。阿贡倒时差进食法（the Argonne Anti-Jet-Lag diet）需要在起飞前四天开始在饱餐和禁食之间交替，让身体为时间变化作好准备。这种进食法的原理是生理节奏不仅遵循光照循环，也遵循进食规律。[18] 更晚近的技术是光照疗法，让人们置身于闪光灯下，让他们在旅行前后逐渐调节生物钟。[19]

关键是生物钟的重要性。它们不能迅速适应新环境。时差不能一劳永逸地疗愈，只能不断治疗。但这些建议中有不少都属于更广义的睡眠医学——通过饮食、生活规律、睡前监督技术来改善睡眠质量——的范畴。我们的技术野心以及现代生活的加速进步，一直在超越我们的生理能力——这种局限性不亚于神话里的伊卡洛斯。

103

就说是睡着了[1]

正如导言部分提到的那样，时差在1960年代中期被命名。《洛杉矶时报》1966年2月13日刊登了一篇文章，是目前已知的最早使用这个说法的文献，从“喷气机阶层”（jet set）这个文化观念而来。[20] 正如本书一直在强调的，时差后来反映了科学与人文的结合。但我们今天称之为“时差”的东西其实在更早的时候就已经获得了关注，比如上文提到的巴特的说法。由于人们观察到“快速跨越多个时区”导致了“生理昼夜周期被打乱”，美国联邦航空署（今天的联邦航空管理局）在1965年3月发布了报告《疲惫的飞行员：洲际喷气飞行》，汇报了从俄克拉荷马市飞往东京的两次

1 这一节的标题取自美国小说家亨利·罗斯（Henry Roth）1934年的同名小说《就说是睡着了》（Call It Sleep）。

飞行过程中的一系列实验。在这篇报告的措辞中，飞行所致的“时差”留下了很多问题，比如它如何产生了“生理时差”并导致“严重的急性和慢性的疲劳症状”。[21]

这一份可以被称为“试飞研究”（pilot study）的报告不足为奇。从十九世纪开始，飞行在医学上的后果就引起了人们的兴趣。法国生物学家保罗·贝尔特（Paul Bert）被视为航空医学之父，研究气压和氧气对健康的影响。后来的研究者和医生——比如写了《航空医学》（1926）并在1929年创立了航太医学协会（Aerospace Medical Association）的路易·H·鲍威尔（Louis H. Bauer）——考察了飞行如何通过速度、海拔、低氧等不同条件对健康产生影响。《航太医学与人类表现》《国际时间生物学》《昼夜节律期刊》等刊物证明了不仅关于时差的医学和科学研究正在不断深化、扩展，

104

更广义的关于休息、睡眠、现代人的疲劳症状的研究也在不断发展。

但僵尸——这种无所不在的流行风尚——或许比所有这些学术期刊更能帮助我们理解精力衰竭在当代文化中的意义。怪物是社会焦虑的表现。玛丽·雪莱（Mary Shelley）的《弗兰肯斯坦》（1818）描绘了关于现代科学的忧虑，而布莱姆·斯托克（Bram Stoker）的《德古拉》（1897）则刻画出批评家弗朗哥·莫莱蒂（Franco Moretti）所说的工业资本主义的吸血本性。[22] 僵尸曾经暗示着种族恐惧，尤其是在二十世纪早期，僵尸和非洲“伏都教”被刻意联系在一起，就像电影《白色僵尸》（1932）里展现的那样。

105

从那以后，电影里的僵尸——如《生化危机》（2002）、《惊变 28 天》（2002）及其续集——代表了对疾病的焦虑，而《末日之战》

马克·福斯特（Marc Forster）导演的《末日之战》，2013

(2013) 则用僵尸来表达对人口过剩、政府回应以及官僚作风的不满。

一直以来，僵尸经常和劳动联系起来，这种关联可以追溯到加勒比海的种植园奴隶制。僵尸神话最初在非洲人之间流传，由于奴隶制对他们身体的折磨，他们有时看上去似乎既不是死人也不是活人。佐拉·尼尔·赫斯顿 (Zora Neale Hurston) 在一本鲜为人知的民族志著作中曾经把僵尸形容为“没有灵魂的身体”。[23] 类似地，僵尸在今天象征着当代生活的疲乏本质。全球资本主义的节奏太快了，以至于许多人进入了亚里士多德所说的那种“非生非死”（neither living nor not-living）的状态。电视剧《行尸走肉》（2010 至今）暗含了这个观点，剧中的僵尸“行者”不仅意味着一种直接的致命威胁，还意味着一种险恶的环境，“幸存”之人需要在其中应对变化莫测的社会关系。这部剧的背景设置类似于许多企业的环境——无以名状的威胁裹挟着焦虑不堪的团队，让人日夜不得安宁。归根到底，僵尸依然关乎人性。

睡眠是宝贵的，甚至可以兑换成货币。我们睡觉不是为了休息，而是为了更好地工作。可以想象，阿道司·赫胥黎《美丽新世界》（1932）里描述的“睡眠教育”（hypnopedia）的概念变成了现实，成了一种对睡眠加以利用的方式。但这个人类的基本必需品也越来越不受重视了。德国哲学家莱因哈特·科塞雷克

(Reinhart Koselleck) 曾经提出，现代性是被一种“特定的加速形式”所定义的。[24] 这种持续的加速——不带来狂喜的快速（a speed without ecstasy）——正在产生不良后果，时差只是其中一个例子。就像十九世纪以来我们已经不再理解行星运动了（夜间时光对天体的重要性），我们也无法在匆忙的生活中享受有益身心的休憩时光。我们缺少一种关于睡眠的哲学来恢复白昼与黑夜的平衡及其价值。

纬度计量了一年四季的光照情况，经度计量了太阳每天从东到西的运动。经纬度对于时间地点的确立而言至关重要，既暴露了时间标准化的问题，却也实现了时间的标准化，因此它们有助于解释时差现象。但它们同时也是睡眠仍具潜力的重要标志——只要我们允许自己倾听我们的身体并观察世界的自然节奏，而非依赖机械计时器的虚假指令。

4

上有天堂

你不必害怕/下面可能是地狱/因为上面有天堂。

——回声与兔人乐队，《上有天堂》(1981)

飞机散发着一种现代的魅力。政客、音乐家和其他名人下了飞机、踏上铺有柏油碎石的机场跑道的照片，让人更能意识到这些人很有权势。飞行的能力传达出一种权威的灵晕(aura)，哪怕伴随着时差。这种红毯待遇——一种柏油碎石机场跑道的政治（tarmac politics）——为人们想象中奢华的机上时光

(私人服务，室内设计，不受其他乘客打扰的私密空间）补充了一个到达地面后的尾声。对进行商务旅行的人而言，降落的灵晕就没有那么强烈了。瓦尔特·本雅明可能会说，我们的经验不过是飞行尚未普及时的那种更古老、庄严、本真的抵达方式的拙劣翻版。回到前文提到的一个观点，这种祛魅是因为飞行在今天已经稀松平常，不再有最初的浪漫感。

108　阿尔文·托夫勒（Alvin Toffler）在畅销书《未来的冲击》(1970）里把熟悉感与陌生感之间的关系形容为“新鲜感比例”（novelty ratio）——以飞行为例，原本并不常见的飞行已经成为了惯例。[1] 但我们依然可以从中找到某些快感。

“机场最富有魅力的地方，无疑是航站楼里到处可见的屏幕，以明晰的字体呈现着即将起飞的飞机班次。这些屏幕隐含了一种无穷无尽而且能够立即实现的可能性。”阿兰·德波顿在描述他成为伦敦希思罗国际机场第一位驻场作家时这样写道，“屏幕上显示的各个目的地没有任何说明描述，却因此更在我们内心激起怀旧与渴望的情绪：特拉维夫、的黎波里、圣彼得堡、迈阿密、经由阿布扎比转机至马斯喀特、阿尔及尔、由拿骚转机至大开曼岛……每个地点都承诺着不同于我们既有人生的生活形态。我们一旦对自己的生活感到羁束滞闷，就不免向往这些遥远的地点。”[2] 德波顿在这里论及的是旅行所提供的永恒希冀——逃离平凡的生活——就像起飞时刻表以及机场本身的具体结构所暗示的那样。“飞行”（flight）的双重含义[1] 定义了旅行，包括从家庭、国家、季节气候、文化狂热中逃离出来。我们试图前往

1 英文中的 flight 既指“飞行”，也指“逃离”。

另一个地方。但实际的旅行体验可能令人失望，我们对另一种生活（无论多么短暂）的渴望终究无法完满实现，这也是一种残酷乐观主义。

夏尔·戴高乐机场，2016 年 7 月

109　时差有时会加剧这种失望感——我们的肉身无法及时跟上我们的想象力。但现代旅行还包括其他“差”(lag)，包括社会和文化层面的落差。就像《迷失东京》里的夏洛特和《弗兰西丝·哈》里的弗兰西丝那样，我们可能会在旅行中直面我们试图回避的问题，无论是个人问题还是社会问题。本章将探讨这一悖论，关于旅行的文化，也关于时差在何种意义上既是这种大环境中的一种状况，又是可以诠释这种环境的一个隐喻。就像上文提到的，时差是技术创新、全球时间测绘以及我们自身生理节奏的产物。它也是旅行的产物——这是显而易见的，但正因为如此明显，人们对此只会一带而过而不加深思。我们追忆我们的故乡，也会故作谦逊地夸耀着我们在别处的冒险经历，但一旦我们开始谈论旅行的时光和过程本身，就难免牢骚满腹。像时差一样，我们反复想起旅行的这个方面，以及它所揭示的当代全球化境况下的自处之道。

110

接下来我将在这本“备忘录-非讲座”中论证，旅行不是我们逃避日常生活的出口，也不是推诿的借口，而是刚好相反：旅行能增强我们的现实感。如果有心计算的话，时差能揭示技术创新对我们身体的不良影响。同样地，乘飞机旅行不会消除社会等级，而恰恰加强了这种不平等。性别规范、种族差异、阶级政治以及其他我们以为可以丢弃在航站楼的社会参数，依然存在于我们身处的机舱里。有时候，这种蔓延到飞行经验上的集体焦虑显而易见，比如“9·11”以来各种宗教貌相[1]式的机上检查。我们受困于这类事件，无法出站，成为了恐惧的人质。电影《航班蛇患》（2006）以B级片[2]手法含蓄地表达了这一困境。机舱有时是社会矛盾的缩影。尽管飞行有可能提供某种远离社会规范，甚至不再受尘世规则束缚的自由——无论是免税商品消费还是滥交（即“空震俱乐部”），飞行文化时常展现出它自己的时差——尽管现代飞行器无比光鲜，社会却停滞不前。

---

1 宗教貌相（religious profiling），指以宗教信仰为判断标准，预先假定持某些信仰的人较有可能犯下某些罪行，因此对该群体进行针对性的严格检查。

2 B级片（B-movie），指低成本类型片。

大卫·R·艾里斯导演的《航班蛇患》，2006

机场社会

我曾经有一次被驱逐出境的经历，刚好是在写这本书期间。进入南非需要在护照上留出空白的两页，但我没有。尽管我在此之前二十几年都顺利地出入过南非，这项南非内务部出台的新规定却让我在约翰内斯堡的奥利弗·坦博机场的护照检查处被拦了下来。我被告知其他人也有类似经历。但那一刻我感到沮丧，感到精疲力竭，感到耗尽了所有心力。我不得不取消几个月前就已经定好的计划。另外，我是从奥斯汀出发的，必须再原路返回，花去将近二十四小时的飞行时间。不幸中的万幸是，我可以在汉莎航空的商务舱休息室里等待返程的航班。不同于众多难民和寻求庇护者的遭遇，我那次经历无足轻重。尽管如此，由于我暂时无处可依，昼夜之间很快模糊了界限。我臣服于时差的宰制。我对航站楼之外的天体运动失去了清晰的意识，天上神秘莫测的昏暗光线就像是乔治·德·基里科（Giorgio de Chirico）《一天之谜》（1914）和勒内·马格利特（Rene Magritte）的《光之帝国》（约1954）里描绘的那样。机械化的时间也变得毫无意义。我只关心开往华盛顿杜勒斯国际机场的返程航班何时起飞，以及我回到德州的家里一共需要多少小时。我冲了个澡，在餐吧找了点吃的。我发了几封邮件，并尝试阅读。但我无法进入正常状态。时差成了社会动物的一种临时状态。

人类学家詹姆斯·克利福德（James Clifford）反对许多流行的观点，认为旅行包括“一系列日趋复杂的经验”，代表了“穿越与互动”，并使“许多常见的关于文化的地方主义（localism）预设”变得站不住脚。[3] 在他看来，“旅行”一向被视为“文化”的反题。“文化”一词源于拉丁文里指代培育、栽种、建立永久家园的词根。他写道，“居住”（dwelling）一向被视为文明生活的重要部分，而旅行则被看作对这种基本生活模式的一种“补充”。然而，他反对这种将居住与旅行截然二分的观点，而是更强调二者之间的互动，以及迁徙、驱逐、流放在文化的构成中扮演的不同角色。

他的《路径》一书的标题一音多义[1]，强调了这种动态的关系。旅行不是发生在不同文

113

1　指英文里的 routes（路径）与 roots（根源）谐音，因此带有“旅行”和“居住”两层含义。

乔治·德·基里科（Giorgio de Chirico），《一天之谜》，1914

化之间的移动，而是自身就是一种文化。克利福德的研究路向属于前文提到的一种更深刻的知识传统，包括梭罗、尼采、波德莱尔等哲学家-漫游者（philosopher-wanderer），以及奥德修斯[1]、库尔兹[2]、哈克贝利·费恩[3]等虚构人物，他们都通过旅行来完成自我实现。最近，伊丽莎白·吉尔伯特（Elizabeth Gilbert）、谢丽尔·史翠德（Cheryl Strayed）、丽贝卡·索尔尼（Rebecca Solnit）等作家、知识分子大受欢迎，揭示并修正了女性在这一文学传统中的缺席。正如乔治·桑塔亚纳（George Santayana）在《旅行的哲学》一文中写到的，运动是“动物的特权”，使人类智能本身成为可能。[4]

114

机场似乎传授着这种关于旅行的知识，而且它往往确实达成了这一结果。批评家阿拉斯泰尔·戈登（Alastair Gordon）写到过早期机场建筑引起了关于功能与风格孰轻孰重的争

1 奥德修斯，希腊神话中的人物，荷马史诗《奥德赛》的主人公。
2 库尔兹，英国小说家约瑟夫·康拉德《黑暗之心》的主人公。
3 哈克贝利·费恩，美国小说家马克·吐温《哈克贝利·费恩历险记》的主人公。

议。机场建筑结合了铁路站和古典建筑的风格，而且有着重要的象征意义，即“为飞行的冒险做好准备”。[5] 机场是公共怀旧和个人怀旧的场所，引发了种种情绪时差。[6] 但机场越来越重视证件检查和人身安检，而不再关系到自由与畅想。机场有着自由选择与外在强制的悖论，或者说危险与安全之间的矛盾。航站楼见证了文明与商业的诡异交汇，混杂于乘客之中的既有边境保卫局人员也有零售销售员。他们是未来主义（futurism）与现代性的奇观，而未来主义与现代性的观念也由于对灾难（无论源于技术缺陷还是人为因素）的焦虑而愈发扭曲，这些人就是这些观念的畸形表现。

在这些方面，机场并不在社会之外。换言之，它不是法国理论家马克·欧杰（Marc Augé）所说的“此处和他处”之间的临界点，而是社会的浓缩。[7] 作为文化之间互通有无的枢纽，机场是技术、经济、社会、政治等多种潮流的交汇地。萨拉·沙玛（Sarah Sharma）提出，机场反映了全球范围内社会同质化与政治冷漠化的趋势，“个体退回到各自的私人技术领域（technosphere）”。候机室里的等待，呼应了“公民退出公共空间”的大趋势。[8] 但另一方面，它们也可能成为政治抗议的场所，就像在美国总统唐纳德·特朗普颁布了对伊朗、伊拉克、利比亚、叙利亚、也门、索马里、苏丹的旅行禁令后，美国的各个机场都有人示威抗议。保罗·维希留提出，机场是每年迎接数百万人的“新城市”，而且数量越来越多，超过了由地点等自然特征来定义的、更古老的“空间”城市。机场是时间与速度的交汇，并强调了它们的价值。于是，现在占据主导地位的，是一种不断抵达又不断离开的无聊习性。“人们不再是公民，”维希留写道，“他们是途中的乘客。”[9]

如果说机场依然是文化的空间，那么它们也和一般的文化空间有所区别。欧杰把机场称为“非地”（non-place）——米歇尔·德塞图最早用这个术语来描述短暂居住的“空间”，与长期定居的“地方”相对立。“因此，旅客的空间可能是‘非地’的原型。”欧杰如是断言。[10]在这个意义上，作为非地的机场，类似于作为非时间的时差（jet lag-as-non-time）：前者是后者这一时间状况的空间类比。二者都转瞬即逝，但也都展现了“超级现代性”（supermodernity）的形式与结果，奇观是这种超级现代性的首要准则。[11]旅程中的个体观察着、感受着技术的奇迹，就像他们观察并感受时差那样，但他们不会停下来冷静分析或批评反思。

116

但凡是曾经穿越过某个知名机场——比如伦敦希思罗机场，香港或迪拜的机场——国际航班登机口的人，都见证了这种超级现代性的诱惑。在这些地方通常有很多高档商店。旅途中的乘客臣服于全球资本主义的奇观，包括杜嘉班纳、乔治·阿玛尼、古驰和其他服饰、手表、单一麦芽威士忌的时髦品牌，等等。机场成为了一个混杂的购物中心，有着各种餐饮区以及必有的麦当劳、星巴克、熊猫快餐等连锁店。今天，要成为喷气机阶层的一员，关键在于消费而不在于飞行，旅行的兴奋感源于对消费的兴趣以及在航站楼浏览商品橱窗。这种情况是居伊·德波（Guy Debord）所说的“景观社会”的一个版本。在景观社会中，图像与表征决定了社会关系。用他的话说，“现代奇观描绘了社会能够带来什么，但在这种描述之中，它严格地区分了可能之物与被许可之物。”[12] 机场航站楼体现出的这种区分，有时假安检之名以行——由于恐怖主义奇观以及半主权（semi-sovereign）的警察机器，非地是能够引发极度焦虑的空间——尽管也会用更普通的社会参数来划分人群，比如种族、阶级、性别等。机场持续传达着关于未来的幻想，但其传达手段却是消费而非航空，资本主义的自我形塑而非社会进步。机场为预期并应对时差的“非时间”提供了基础设施，比如商务舱休息室、水疗、卖颈枕的摊位。但这些基础设施仍有其自身的社会差（social lag）。

117

仁川国际机场，2016 年 5 月

乘喷气式飞机离开

如果飞行的浪漫感源于它结合了创新、加速以及致命的危险，商务旅行则把舒适度视为重中之重。乘客的梦想和飞行员的梦想不能混为一谈。早在喷气时代来临前，眩晕、恶心、疲劳就已经引起了人们的焦虑。确实，飞行使我们时刻感受到自己的生理健康状况，时差则属于诸多旅行不适症的一部分。直到今天，航空业不断提出新方案来弥补这些缺陷。由于早期客运服务与当时的铁路交通形成竞争，能否盈利取决于飞行速度是否够快，尤其是横贯大陆的航线。一种有效的盈利手段是设置客货混合型航班。1927 年，波音航空运输公司和国家航空运输公司最早在旧金山和纽约之间设立了客货混合型航班。对当时那些刚开始乘飞机的人来说，飞行的体验像是一种冒险。他们小

118

心翼翼地为行李称重，机上有棉球和口香糖用来抵挡非加压舱里的巨大噪音和急剧的海拔变化。这些乘客和货物一起飞行，甚至往往还不如后者更受重视。当时条件很简陋，机上住宿条件和飞行员差不多，有时甚至更糟。

和成堆的邮件一起旅行，渐渐变成了一种接近火车旅行的体验，都是在一个装满东西的舱室里，尽管坐飞机更容易受到气流和恶劣天气的影响。非加压舱不仅意味着更稀薄的氧气含量（类似于登山）和突然的海拔变化造成的恶心感，还会因为当季气候而遭遇高温或严寒。螺旋桨飞机速度很快，人们可以放下窗户呼吸新鲜空气。但冒烟的引擎也会让人反胃，那是一个长期的难题。

119 厕所——就算有的话——也往往是一个小洞，直通外面无边无际的高空。

要改善这种简陋环境以及随之而来的各种

困难，有一个办法是聘请护士来照顾飞行途中乘客的舒适度和需求。这种服务始于1930年代。前文已经提到过，尽管齐柏林飞船上已经有了机上服务员，艾伦·丘奇被看作是第一位空乘，第一次在1930年5月波音公司的一趟航班上开始了这项工作。其他公司很快纷纷效仿。在空乘出现之前，1920年代起戴姆勒航空和帝国航空的航班上偶尔会有“空少”(cabin boys)。当时女性被认为没有足够的能力来应对飞行中的种种危险情形。尽管如此，“空姐”（sky girls）很快成为了商务航空的特色，需要处理各种各样的任务，除了在飞机上照顾乘客的需求，还包括售票、安置行李、为飞机加燃料。飞机上还供应预先准备好的食物，由于早期最常见的飞机餐是炸鸡，这段时期被称为“炸鸡时期”。机上还供应三明治、水果，还有用保温瓶装的咖啡和水。但小型飞机在低海拔区经常颠簸，让人不太想进食。当时还可以吸烟。娱乐项目很少，因为飞行经历本身就被看作一项娱乐——从高处俯瞰世界。

难捱的机上时光给乘客带来了不少挑战，包括机械故障、恶劣天气，还有缺乏经验的飞行员，而女空乘则带来了一种家居感，使航空旅行变得更加流行。

120 阿梅莉亚·埃尔哈特大胆果敢的中性魅力——标志性的帅气短发、裤子、飞行皮夹克（埃尔哈特还有了她自己的服装系列）——代表了航空业为女性气质的重新定义带来了新的可能。确实，埃尔哈特并非特例，符合两次世界大战之间出现的现代女性的新类型（时髦女郎代表了对规范的逃离，是这种潮流的典型例子），也是“女飞行员”的群体形象的一部分，121 包括杰奎琳·科克伦（Jacqueline Cochran）和露丝·尼克斯（Ruth Nichols）。这些女飞行员

阿梅莉亚·埃尔哈特，约 1928 年

打破了飞行速度、飞行距离和飞行海拔的最高纪录。[13] 但这样大名鼎鼎的女飞行员仍是少数。在航空公司工作，既改变又强化了性别规范，给女性提供了进入前沿行业工作的机遇，但她们在其中扮演的角色却迎合了对性别的固有期待，没有对后者构成挑战。聘用空乘有一整套严格的规定。波音公司要求应聘者体重在 115 磅以下，身高不超过 5 英尺 4 英寸[1]，年龄低于 25 岁，而且必须未婚。1936 年，联合航空公司在怀俄明州夏延市建立了第一座训练中心，为这一职务制定专业规范。然而，直到 1964 年颁布的公民法案禁止了性别与种族歧视，这个行业才取消了上述规定。1950 年代起，航空公司已经开始重新聘用男乘务员，空乘中男性和女性的比例在公民法案颁布后逐渐趋于平衡。

二战后喷气式飞机的流行，使航班的飞行时长有所增加，机上空乘的需求量也随之扩大。机上娱乐项目也变得至关重要。那时每架

1 约 162.5 厘米。

飞机接载将近一百位乘客，乘务员也更加需要担负起保护乘客安全的责任。总体而言，他们成了飞行体验的主要象征，照顾乘客的生理健康与娱乐需要，每次需要负责将近三十名乘客。[14] 这些职责和时装休戚相关。正如前文提到的，早期的航空旅行仿照海上航行，有“飞艇”和“飞船”的说法。空运和航运之间的类比，影响了飞行“船员”的着装风格，空乘的制服模仿水手服，体现了海上的等级制度，例如船长、副驾驶等。随着这种时装惯例的发展，航线有时决定了着装风格，譬如英国航空从1950年代后期开始聘请身着纱丽的印度女郎，为开往印度的航班服务。[15] 到了1965年，布兰尼夫航空的广告顾问玛丽·威尔斯（Mary Wells）请著名时装设计师埃米利奥·璞琪（Emilio Pucci）改造空乘制服，加强性吸引力。“我们认为，当一个疲惫不堪的商人登上飞机，

122
123

布兰尼夫航空的乘务员

他应该有权欣赏漂亮女人。”威尔斯如是说。[16]

璞琪进一步解释他所理解的空中时尚：“布兰尼

夫的空姐扮相，时髦、柔美、简约、舒适、个性十足。”[17]

这种重时尚、轻功能的倾向，尤其是对性吸引力的重视，符合1960年代性解放的氛围，这是社会环境影响飞行文化的又一个例子。《007之金手指》（1964）里的金发女郎普斯·格洛（霍纳尔·布莱克曼饰）既是飞行员，也是邦德（肖恩·康纳利饰）的爱慕对象。她身上体现了这种介于女性崛起与男权迷思之间的复杂思潮。阿尔文·托夫勒认为，这种越来越重视奢华的机上体验、娱乐项目、明显的性暗示的趋势，突显了航空公司“出售的不仅仅是运输服务本身，而是一整套精心设计的心理体验”。[18] 有钱人可以进一步细化、购买这种机上幻想。《花花公子》杂志的创刊人休·海夫纳（Hugh Hefner）在1960年代后期花大约五百五十万美元买了一架DC-9豪华私人飞机，

124

盖伊·汉弥尔顿（Guy Hamilton）导演的《007 之金手指》，1964

将其改名为“大兔子”，在里面装了酒吧、电影院、舞池，还有淋浴和皮床——跟时差说再见吧。他不是第一个使用并改造私人飞机的人。弗兰克·辛纳屈（Frank Sinatra）1958 年在一场空难中幸存下来，从此对飞行产生恐惧。为了举办世界巡演，他有好几架私人飞机往返于日本、香港和欧洲，机上有酒吧和钢琴。他 1958 年的唱片《和我一起飞》（Come Fly with Me）开创了一种新的世界主义喷气机阶层风格（cosmopolitan jet set style）。[19]

确实，战后的喷气时代深刻地影响了明星文化，舞台明星和影视明星从未如此快速而从容地穿梭于全国乃至全球各地。像猫王、“齐柏林飞船”乐队这样的表演者有自己的私人飞机。对这些已经成为超级巨星的人来说，字面意义上的“在路上”已经过时了。技术和明星文化的结合，不仅促成了世界范围内的商业演出以及一种新的全球化模式，同时也巩固了美国的文化霸权，就像十九世纪轮船和铁路扩张了欧洲的帝国版图一样。[20]

现代航空业推动的性别革命以及其他革命，有自身的局限性。

种族议题及其在航空史上的潜在影响，从另一方面证明了社会因素如何渗入商务旅行的领域。确实，保罗·贝尔特、菲利波·马里内蒂、查尔斯·林白等人公然支持法西斯主义与

125

巡演中的“齐柏林飞船”乐队，纽约，1973
鲍勃·格伦（Bob Gruen）摄

种族主义意识形态，使我们不得不对现代技术、关于先天智力的伪科学看法、种族主义三者之间的关联保持警惕。这可以说是另一种“白人群飞”（white flight）了。[1] 著名的塔斯基

1 白人群飞（white flight），指美国二十世纪五六十年代废除种族隔离制度后，许多白人纷纷迁出种族混居的地区，搬往白人聚集的社区。作者利用英文中 flight“逃离”与“飞行”的双重含义，把航空领域的种族主义也比作一种“白人群飞”。

吉梅毒实验[1] 和最近的电影《隐藏人物》(2016)提醒我们关注非裔美国人和其他少数族裔在航空史上扮演的角色。

另一个经常被忽略的例子是贝西·科尔曼 126 (Bessie Coleman)。她父母都是佃农，她却在1921年成为了第一位拿到飞行员执照的黑人女性和原住民后裔，比埃尔哈特早了两年，尽管她由于种族隔离制度而不得不去法国拿执照。

流行文化偶尔会触及种族差（racial lag）的问题。杰西·泰洛（Jessy Terrero）的电影《灵魂梦飞翔》(2004)——片名向节奏蓝调类电视节目《灵魂列车》(1971—2006)致敬——是针对航空产业的讽刺喜剧，类似于吉姆·艾布拉

1 1932年至1972年，美国公共卫生部和塔斯基吉大学对399名黑人男性梅毒患者进行实验，研究梅毒对人体的危害。1943年医学界发现青霉素可以用于治疗梅毒，但为了保证实验继续进行，实验人员阻止患者接受治疗，直到1972年被知情人士揭发。这次实验被称为“塔斯基吉梅毒实验”。

姆斯（Jim Abrahams）和大卫·扎克（David Zucker）经典的讽刺之作《空前绝后满天飞》(1980)，尽管《灵魂梦飞翔》聚焦于种族问题，尤其是航空文化中的白人特权。《灵魂梦飞翔》影射了《空前绝后满天飞》里的一个笑

127 点——一位白人乘务员（罗娜·帕特森饰）不能理解两个黑人乘客说的暗语，然后一个年长的白人女性（芭芭拉·比林斯利饰）——她更为人所知的角色是《天才小麻烦》（1957—1963）里的朱恩·克里夫尔——说："喔，空乘？我会说暗语。"但《灵魂梦飞翔》也嘲讽了黑人文化，从航空公司的名字纳肖恩·韦德航空（NWA）[1]（该公司的口号是"飞行，狂欢，降落"）到飞机上的大力水手炸鸡和柯尔特45啤酒（Colt 45），再到一间配有黑人服务员的厕所。机上有两种舱位：

---

1 该公司的缩写NWA和美国西北航空（Northwest Airlines）以及黑人嘻哈团体"异见黑鬼"（Niggaz Wit Attitudes）一致。

吉姆·艾布拉姆斯和大卫·扎克导演的《空前绝后满天飞》，1980

头等舱和低等舱。机上不卖免税商品，而是有赌桌和钢管舞池，机舱上层还有一间夜总会。史努比狗狗[1] 则担任飞行员。

因此，《灵魂梦飞翔》指出，对航空文化的常见描绘往往回避了种族问题，而是设置一个貌似后种族（post-racial）[2] 的故事背景，并由此强调了这种大环境中潜在的白人特权。和机场航站

128

1 史努比狗狗（Snoop Dogg），美国饶舌歌手、制作人、演员。

2 后种族（post-racial），指一种认为美国社会已经消除了种族偏见的观点。

杰西·泰洛导演的《灵魂梦飞翔》，2004

楼一样，机舱和驾驶舱也与社会问题息息相关。西蒙·布朗（Simone Browne）考察了“9·11”以来机场文化对“安全威胁”的严密监控，如何助长了种族主义情绪，使每个被怀疑的乘客以及少数族裔背负着额外的“种族包袱”（racial baggage）。[21]和性别议题一样，种族议题构成了商务航空旅行中的一种常见文化差（cultural lag）。

一件我不得不做的赏心乐事

我们需要区分时差和疲倦感。“疲倦感和身

体之间的关系，就像是空气阻力和飞机之间的关系，”林白在他的《圣路易斯精神》(1953) 一书中写道，“如果你飞行的速度是普通速度的两倍（或者如果飞行时长是普通时长的两倍），你就会遇到四倍的阻力（你的疲劳也会加倍）。”[22] 然而，他接着写道，“身心因素并不会遵循如此清晰鲜明的物理曲线，而是忽高忽低，然后可能会保持一段时间的平均水平。”[23] 当林白进行那场著名的飞行时，关于睡眠的科学还不成熟，尽管他对速度与疲劳之间的关系、疲倦感的不规则周期的看法，与今天的旅行状况相一致。

飞机的远程飞行能力、燃油效率以及其他方面的技术正在迅速发展，与此同时机舱内也有不少革新，以降低航空旅行带来的疲倦感。飞行体验曾经关乎飞行本身的刺激感，以及由购买价带来的无与伦比的视野。尽管早在 1925 年就有了第一次空中电影放映，但今天的商务

129

旅行就像一个装饰华丽的客厅，有无数的音乐、电影和电子游戏频道。[24] 由于这些机上娱乐活动，我们变得越来越远离自然。很少有人看向窗外。就像其他时候一样，我们在看屏幕。

对那些有支付能力的人来说，国际旅行的座位安排也可以（在远处）近似于卧室。如果说航空产业在某些方面加剧了性别和种族等级，它或许在更根本的意义上加剧了阶级差异。新闻家大卫·欧文（David Owen）曾经作过报道，机上睡眠设施已经成为了航空公司试图吸引高端乘客的新战线。变化不仅包括那种可以完全放平的座椅，还包括迷你酒吧、淋浴、双人私密套间——这些便利可以使票价迅速上升至每人两万美元。这一价格部分反映了一种盈利的动机——头等舱、商务舱的座位构成了航空公司收益的重要部分——但也反映了组合式、轻捷、安全、最佳舒适度的座位所需要的设计成本。[25]

然而，航空公司的主要目标是让每一个座位上都有乘客，最大限度地提高每架飞机的占用率，除了对座位空间（以英寸为单位）进行微调、尽可能让一趟航班上有更多座位，还对座位价格与可用性进行了恒定的对数计算。爱尔兰瑞安航空（Ryanair）等一些廉价航空公司考虑将“站座”（standing seating）作为提高运载量的一种手段，同时对乘客来说似乎也降低了票价。[26]在经济舱，座位图已成为短期房地产的变化图，贵宾座被标记为正值，普通座被标记为负值，取决于该排座位是靠近飞机前部还是靠近紧急出口，并承诺有更大的腿部活动空间。[27]已经出现了“订座专家”（SeatGuru. com）和“订座大师”（Seatmaestro. com）这样的网站，帮助乘客提前制定战略。尽管如此，这些网站根本的运作逻辑是让你得到你愿意花钱买的东西，那些拥有更多财富（或者一个富足的消费账户）的人可以从这种空中的阶级结构里得到解放。

奥利弗·坦博那类国际机场有越来越成熟的商务休息室文化，是财富以及因忠实于某一企业而累积权益的另一个标志。飞行常客计划自20世纪70年代就已存在，随着美国《航空放松管制法案》（1978年）降低了美国政府对航空业的监管，飞行常客计划继续得到越来越多的“回报”。航空里程已经通过联合航空公司的“前程万里”（MileagePlus）和美国航空公司的“优越”（AAdvantage）等计划成功实现了货币化。131旅行并不是对工作的逃离，而是全球经济中的另一种生产形式——我们飞行的距离和频率，可以通过“赚取”更多积分来创造更多价值，即使这些里程奖励的实际价值只有微乎其微的几美分。尽管如此，除了获得黄金贵宾（Premier Gold）和白金贵宾（Premier Platinum）等资格，能够补偿升级、优先入住、提前登机，这些货币还可用于购买更多机票、酒店预订、租车、礼品卡以及其他产品和服务。航空公司的信用卡无需旅行就能赚取里程数，而天合联盟（SkyTeam）、寰宇一家（Oneworld）和星空联盟（Star Alliance）等同业联盟的成立进一步支撑了这种全球影子经济[1]，将度假转变为新的劳动实践。这些特征表面上是看起来无害的，但其实再次表明了利润、竞争和债务侵入了一个我们误以为是出口的空中世界。

然而，即使是在机场也能拥有片刻的休息和沉思，当世界似乎在离你远去。在汉莎航空候机室等待了将近十二个小时后，我登上了南非航空公司的一架航班，但由于机械原因，在

1 全球影子经济（shadow global economy），指国家无法实行税收管理与监控的经济市场。

停机坪上又滞留了两个小时，然后航班取消了。穿过了迷宫般的走廊（为了避开南非的领土），我在机场里的帝王花（Protea）中转酒店睡了六小时，之后搭乘了早上从约翰内斯堡起飞的航班。一位南非航空公司的职员正式护送我，以便向海关确保我确实离境了。

132　在阿克拉转机后，我于当天傍晚抵达了华盛顿杜勒斯机场。

我错过了中转航班，而且无法改签。由于找不到旅馆房间，我试图和其他几名乘客一起睡在航站楼里，先是在行李区，后来又在楼上售票处附近。之前和我搭乘同一趟南非航空航班的一对上了年纪的夫妇，就在我附近休息。丈夫是旧金山的一名退休中学教师。

133　他们在南非传教，具体在哪里我已经忘了。大概是博茨瓦纳或马拉维吧。我戴上墨镜以遮挡日光灯的刺眼光线，然后把脚搁在行李

华盛顿杜勒斯国际机场，2016 年 7 月

车上，无精打采地坐在座位上休息。也许在机场不可能睡得很沉，但时差反应的非时间已经开始了。我想了想我将要去往和已经去过的地方，等着天亮，这意味着我可以再次启程。

结语

作为生活方式的时差

未来已经到来了。只不过它分配不均。

——威廉·吉布森

“他们永不停歇。”弗朗兹·法农在关于第三世界革命的经典著作《地球上受苦的人们》(1961)中写道，“对航空公司而言，欠发达国家的领导人和学生是一座座金矿。亚洲和非洲的官员们可以这周去莫斯科参加一场关于社会主义规划的研讨会，下周又去伦敦或者美国哥伦比亚大学参加一场关于自由贸易的研讨会。”[1] 虽然法农是学精神医学出身的，他在阿尔及利亚长期针对法国的反殖民抗争中也担任过民族解放阵线的外交人员，因此这番话是他的经验之谈。这项职务使他定期乘机往返于136突尼斯、罗马、阿克拉、开罗和巴马科之间，直到他三十六岁时英年早逝。确实，借用一个经常被用来形容美国前国务卿亨利·基辛格——他的政治立场和法农完全相反——的说法，全球政治依靠的就是这种“班机外交”(shuttle diplomacy)。也许法农和基辛格会在这一点上达成一致，也会同样被时差所苦。这可以说是一种“不得安宁的政治”（a politics of unrest)。

本书秉承法农的精神，用政治话题来收束全书。上文这些“备忘录-非讲座”将时差视为值得考察的对象，探讨了一系列问题。时差展现了关于全球化的一部另类文化史。它概述了关于我们与科技的生理关系的一则警世寓言——这是人类一直以来的伊卡洛斯野心的最新重演。时差不是全然无害的。这本书挑战了许多定见，修正了关于时差的主流看法，挖掘它背后更深刻的历史与哲学底蕴，以深入理解当下不断互通有无的全球文化。时差是技术、时间、生理、航空史交汇形成的结果。然而，时差的隐形政治进一步突显了速度在何种程度上影响了当代生活，以至于我们所理解的人性正在逐渐消泯——资本主义世界经济的不断创新，让我们无法抽出时间休息，无法满足这种最基本的人类需求。这种加速主义（accelerationism）——歌德弗里·雷吉欧(Godfrey Reggio) 的邪典电影《失衡生活》(1982) 在视觉上展现了这种趋势——打乱了日常生活规律，昼夜对生活的影响，以及休闲、沉思、睡眠在我们生活中的重要意义。[2]

我们曾经以为技术带来的无力感是飞行所独有的特征，现在却变得十分普遍。时差成为

歌德弗里·雷吉欧（Godfrey Reggio）导演的《失衡生活》，1982

了一种生活方式。

最近，《纽约时报》“好好提问”（Ask Well）版块的一篇文章提出了这个时代极具代表性的问题：“如何让我的身体不再需要这么长的睡眠时间？”提问的读者补充道，“如果我晚上没有睡满九个小时，第二天会觉得疲惫不堪。（我在床上的时间只用来睡觉，而且睡前半小时不看手机或电脑。）”[3] 这个问题得到了负面的回应。宾夕法尼亚大学睡眠与昼夜周期神经生物学中心的教授西格丽德·维齐(Sigrid Veasey)博士建议读者找到自己的最佳睡眠时间，在这个问题上人各有异。然而，2014年10月《时代》周刊刊登了《如何在睡眠时间少于6小时的情况下正常工作》一文，提出了相反的观点。该文建议减少看电视的时间（“这种无聊的消遣会让人上瘾”），减少碳水化合物摄取量（“它们只会让我昏昏欲睡”），减少会议安排（“吧啦吧啦吧啦……不要自己唠叨个不停，也不要听别人一直唠叨下去”），学会安排最佳睡眠时间（“如果我可以从凌晨四点睡到早上八点，我就很高兴了”），困的时候做点愉快的事情（“我会刷刷知识问答社区”），找到你热爱的工作（“我真的、真的、真的很热爱我的工作”）。这篇文章登在《时代》周刊的商业版块。[4]

138

这些文章带来的最大困扰，不是难以确定

合适的睡眠时长，而是它们给出了相反的建议。医学知识和商业头脑相互角力。作者似乎在暗示，事业上的抱负比生理健康更重要。读者最初提出这个问题是想要减少睡眠时间，这标志着全球线上通讯以及瞬间获取信息的技术为日常生活带来越来越多的压力。这些技术鼓励（甚至要求）人们睡得更少、活得更像机器。我们没有时间做自己需要或想要做的事情。“我太忙了”是晚期资本主义的常用借口。

时间稀缺的后人类（post-human）环境，很像赫伯特·马尔库塞（Herbert Marcuse）在《单向度的人》（1964）里谈论的话题。这本书研究发达工业国家的现代资本主义如何消泯了人性化的生存方式。进一步说，在我们这个时代最重要的特征不仅是狂热消费的现象，同时还有夜晚时间和睡眠的消失。

139 全球资本流动侵蚀了时间。随着噪音和光污染的肆虐，人类生活和自然世界之间的关联越来越少，和躁动的技术世界之间的关联越来越多，导致 1960 年代——也正是时差的年代——出现了艺术史学家帕梅拉·M·李（Pamela M. Lee）称之为“时间恐惧”（chronophobia）的现象。[5] 时差曾经是我们为快速旅行付出的生理代价。速度曾经“真真切切”地为我们带来对于技术的“兴奋感”。[6] 今天，速度成了一桩关于便捷度的买卖，但我们无处可逃。

媒介理论家罗伯特·哈桑（Robert Hassan）提出，过去几个世纪的政治经济帝国，同时产生了两种“时间帝国”——第一座基于机械化时间，第二座基于信息网络。时间与速度的帝国几乎是不可见的。它们最大的影响发生在认知的层面，而不是像可见的“空间”帝国那样表现在国家边境、资源开采、军事冒险上。[7] 哈桑观察到了一个令人忧虑的现象：这些时间帝国造成的影响，如今已经超过国家所能管控的范围。新自由主义全球经济和民主政治机构之间，越来越难以“同步”。[8]

类似地，在过去的几十年间，硅谷和其他经济枢纽引入并维系着知识经济和信息社会的运转，名声大噪。

140 正如杰里米·里夫金（Jeremy Rifkin）和曼纽尔·卡斯特（Manuel Castells）分别在《时间大战》（1987）和《网络社会的崛起》（1996）里提到的，这一现象突出了人际网络以及速度的金融资本化比重工业更重要。这些趋势并不意味着工业化的结束。相反，工业在匹兹堡和底特律这些地方衰落了，却又转移到了上海和曼谷。回到前文提到的一个观点，大卫·哈维（David Harvey）认为当下这个时代印证了马克思的论断——资本主义通过提高速度和效率来无止境地追求生产力和市场，由此用时间消灭了空间。这一趋势导致了“时间的空间化”，在这一过程中，不同的地方处于发展和衰落的不同阶段。[9] 正如本章开头引用的威廉·吉布森所言，我们生活在不平等的世界。技术创新带来了各种各样的“差”，时差便是其中一例。

这些现象呼应了本书开篇讨论过的现代性与时间问题。正如汉娜·阿伦特（Hannah Arendt）在《论革命》（1963）中所说，现代革命带来了一个时代的终结以及新的开始，为民主参政提供了新的时间表，由此扰乱并重组了政治时间——如保罗·维希留所言，一种新的“速度的专政”对既有的政治图景构成了挑战。使这种“速度的专政”成为可能的是网络空间及其时间性，这不取决于昼夜时间，而仅仅取决于那些醒着并有能力使用网络空间的人。[10] 这些人越来越愿意为此消耗自己的精力乃至自己的身体。像时差一样，这是一种不事劳作的疲劳。马克思在十九世纪就予以警示的非人化过程持续至今。

141 “发明这些引擎，真的是为了‘节省时间’吗？”齐奥朗在别处问道。[11] “我抓住一个东西，以为自己是它的主人。”他回答道，“其实，我恰恰是它的奴隶，我是我制造的器具的奴隶，我是我使用的工具的奴隶。”[12]

尽管很久以来怠工一直是弱者的武器——无论是在种植业的艰苦条件下辛勤工作的奴隶，还是逼仄的小隔间里的办公室职员——时间作为一种掩饰手段（technique of dissimulation）越来越重要。严格说来，这种掩人耳目的时间可以挑战工作日每天工作十二小时、每季度报告、年度周期等现代产业惯例。它可以抵制全球资本主义时间及其对日常生活的消耗所带来的普遍后果。

沃纳·赫尔佐格导演的《创世纪》，1971

与时差的非时间（non-time）不同，时差会渐渐倒回来，不断变动的现代生活却永远无法安宁，需要我们在技术面前协力恢复、维持人性的生活方式。正如沃纳·赫尔佐格（Werner Herzog）的《创世纪》（1971）描绘的那样，在世界资本主义系统的尽头，技术难免穷途末路。然而，一味等待这种机械意义上的终结是不够的。人类需要采取行动来自我修 142

复。“革命是运动，”维希留写道，“但运动不是革命。”[13]

无尽的休憩

科幻小说主要是关于当下的，因此是一种不可信的未来向导。但它能够提供一种迷人的（尽管不完美的）未来蓝图。雷德利·斯科特（Ridley Scott）的电影《异形》（1979）描绘了一个和现在不无相似的未来，企业违法乱纪，监控日趋军事化，人类不惜一切手段扩大人居区，接触危险的生物体。这部电影围绕着外太空的一艘星际运载舰船上的船员。这艘舰船对一个呼救信号作出了回应，导致了一位船员以及最终所有人都染上了“异形”。这里值得注意的是情节展开的方式。电影开头，船员从睡眠舱醒来，这是依赖科学而达成的一种可行的生理控制技术，尽管唤醒他们的不过是另一场

143

噩梦。影片末尾，最后的幸存者艾伦·雷普莉（雪歌妮·薇佛饰）别无选择地重新睡去，希望这艘飞船日后会被营救。在这个意义上，《异形》间接从属于一个更深远的传统，即戈雅曾经生动描绘的那种关于睡眠与理性及非理性的关系。然而，清醒在《异形》中意味着身处恐惧之中，意味着体验理性的缺席。

安德烈·塔可夫斯基的《飞向太空》(Solaris) 也思考理性的缺失，尽管这部电影无涉于非人物种带来的恐惧。这部电影关于人类这一物种的深层恐惧——再珍贵的记忆和怀旧都可能误导我们，扰乱我们的现实感，甚至重复以往的创伤。《飞向太空》里的睡眠，不是《异形》里那种避难所，而是不同情绪状态之间的临时阶段，使克里斯·凯文（Kris Kelvin）和观众不确定自己在清醒时应当相信、追求什么。“那是问题所在。”片中的人物斯诺特博士

144

雷德利·斯科特（Ridley Scott）导演的《异形》，1979

安德烈·塔可夫斯基（Andrei Tarkovsky）导演的《飞向太空》，1972

（尤里·亚尔维特饰）说，“人类已经失去了睡眠的能力。”

把这两部电影放在一起看，它们把一系列焦虑投射到了关于技术的未来、人类自然生理节奏的尽头，乃至理性的尽头。它们都借用幻想的形式回应了时差——以及更广阔的关于技术革新与人类极限的世界——可能发展到何种境地。[14] 本书以休憩与不得安宁的政治（the politics of rest and unrest）来结尾，这种政治关涉到时差的“非时间”如何代表了一种即将到来的时间恐惧症。这种病症不是出于对速度的忧虑或者对技术持续性的预期，而是出于对所谓自然的彻底背离。[15] 或许可以这么说，“长时段”（longue durée）的时差，关系到我们与天体之间越来越少的联系。机器可以制造情绪——无论是喷气式飞机还是苹果手机——而且和前文追溯过的塞万提斯、戈雅、列维纳斯、萨特这段姑妄名之的哲学传统有所不同，现在的机器还能越来越快地制造情绪。

在这个意义上，时差能给人许多启发。时差不仅仅是非时间——再次引用齐奥朗的说法，“沉溺于生成（becoming）的窒息感之中”——

145

还能教会我们通过认识这些后果来生活得更好、更充实。[16] 哈姆雷特所面对的时间“脱节”（out of joint）的著名困境，并不是一个诅咒，而能够引起有益的质疑精神，暂时获得一种视角去重新思考这个世界，无论所处的境况是多么飘摇不定甚至走投无路。正如乔纳森·克拉里在《24/7》里写到的，对更好未来的想象——一个不再如此狂热的、更能给人成就感的未来——始于幻想、自日梦以及睡眠的港湾。睡眠可以成为一种“突然的打断，拒绝背负全球性现实给人带来的重压”。[17]

飞行也可以传递人文主义的价值，孕育人性的美好想象。“要想了解我，就和我一起坐飞机。”《在云端》（2009）的主角瑞安·宾厄姆（乔治·克鲁尼饰）在影片的画外音中作出了这番自白，“这是我生活的地方。”宾厄姆经常为一家人力资源咨询公司出差，在酒店房间、大堂吧、机场航站楼这样的“非地”（non-places）享受生活。他偶尔会发表以《你的背包里有什么》为题的励志演讲，告诉听众他们在地面的生活充满负担，各种责任使我们不堪重负。“不要犯错，”宾厄姆吟道，“运动就是活着。”

图贾森·雷特曼（Jason Reitman）导演的《在云端》，2009

尽管如此，这部电影的一大前提是，个体自由总是孤独的，无重量——飞行是其隐喻表现——也可以变成无意义。在影片的高潮部分，宾厄姆发现他在旅途中相知相惜的知己埃 146

里克斯（维拉·法梅加饰）其实有丈夫和孩子。他对她的幻想永远破灭了，因为他清晰地意识到他的人生不完满是因为他对一切事物缺乏忠诚。她代表了一种更有成就感的人生。“一切情感依附都是乐观的，”劳伦·勃朗特在别处写道，“当我们谈论一种欲望的对象，我们其实是在谈论我们希望某人或某物带给我们的，以及使之成为可能的那些愿景。”[18] 但这部电影拒绝贬斥旅行。像前文提到的许多故事147一样，旅行促成了自我实现，宾厄姆在影片结尾处继续着他一个人的空中旅行。

詹姆斯·索特也写到过驾驶飞机带给他的自我认识——这是一种与世界相连接的方式，而不是逃离世界。“我们活在单一自我的意识中，但在自然中似乎还有别的什么东西：对许多其他事物的认识，对一切事物的认识，包括兽群与鱼群，栖地与蜂巢，那里的无数生命不具备我们称之为‘自我’的东西，但它们依然很完美，只依从自己的本能。”他在回忆录《燃烧的白昼》结尾处这样写道，“我们自己的生活缺乏这种和谐性。我们每个人最终都是一出悲剧。”[19] 威廉·朗格维舍（William Langewiesche）则提出了“空中视角”的观点，指的是飞行带给我们的视角，然而这种视角往往被我们所忽略。正如前文所说，商务航空旅行鼓励我们探索内心而非外部世界。用朗格维舍的话来说，我们“拉下遮光板看电影，假装我们根本没在飞行”。[20] 这是一种损失。“空中视角是一种民主的视角。”他这样声称。[21] 从飞行、眺望的体验中，我们得以“将自己置于大环境中加以审视，就像在地球上挣扎求生的生物，并未脱离自然，而是它最具表现力的媒介”。[22]

旅行的权利应当是神圣而不可侵犯的。行动就是实践自由，检验民主，保持人性。时差反应提醒着我们的生理极限和技术带来的乐观诱惑。但在警醒我们的同时，它也可以促使我们去欣赏、乃至庆幸这种生理限制的作用，以及它们带来的审慎启迪。

148　一旦我们接受了时差，时差可以带来一段醒着休息的安静时间，让人在整个世界都已睡去的时候，对时间伦理及其普世启示进行必要的沉思。时差促使我们思考人类境况的本质，它能激励我们去理解、充实我们共同拥有的有限时间。

奥利弗·坦博国际机场，2016年7月

致谢

这是一本不同寻常的书。我要感谢克里斯·夏伯格（Chris Schaberg）、伊恩·伯格斯特（Ian Bogost）和哈里斯·纳奎唯（Haaris Naqvi）对我最初的问询作出了热情而信心满满的回应，尤其是克里斯的著作给了我许多灵感，我感谢他的悉心关怀。布鲁姆斯伯里出版社的凯瑟琳·德·钱特（Katherine De Chant）完成了重要的编辑任务。我在奥斯汀和波士顿公共图书馆以及哈佛的怀德纳图书馆开展研究，并撰写了这部手稿中的许多内容。我感谢这些图书馆的工作人员对我的帮助。2016年，我前往纽约市立大学研究生中心的全球化与社会变革委员会访学，也成为了纽约公共图书馆弗雷德里克·刘易斯·艾伦阅览室（Frederick Lewis Allen Room）的驻馆作家，这段时间也被用于写作此书。我感谢盖里·怀尔德（Gary Wilder）和梅兰妮·洛凯（Melanie Locay）促成此事。我也想感谢鲍勃·格伦（Bob Gruen）和许多博物馆、档案馆工作人员帮助我获得了书中所有图片的使用许可。本书勾勒的历史背景，受益于R. E. G. 戴维斯（R. E. G. Davies）、基斯·洛夫格罗夫（Keith Lovegrove）、理查德·哈莱恩（Richard Hallion）、维多利亚·凡托奇（Victoria Vantoch）的研究。

150 他们对我的影响不限于本书尾注中引用的内容。拉法耶特学院（Lafayette College）提供了出版资金。我的朋友、同事、读者都为我提供了帮助，允许我偏离自己的主业来（详尽地）研究时差。他们是鲍勃·布伦特（Bob Blunt）、格蕾塔·布鲁贝克（Greta Brubaker）、林赛·塞巴罗斯（Lindsay Ceballos）、加勒伯·加里穆尔（Caleb Gallemore）、艾丽·甘博（Ellie Gamble）、蕾切尔·戈什格瑞恩（Rachel Goshgarian）、加布里埃尔·赫克特（Gabrielle Hecht）、"历史105"课的学生（2016年春季学期）、安迪·伊瓦斯卡（Andy Ivaska）、康斯坦丁·卡萨基洛里斯（Constantin Katsakioris）、查尔斯·皮奥特（Charles Piot）、乔希·桑伯恩（Josh Sanborn）。萨拉·杜夫（Sarah Duff）认真读完了所有章节。尽管这本书篇幅很短，我还是想要把它献给我的母亲——她为这本书提供了一个暂定的标题，而且她和我的父亲教会了我旅行这项不可或缺的能力。

原文注释

导言

[1] Pico Iyer, “The Uninvited Guest,” New York Times, December 27, 2007. Available online: http: //jetlagged.blogs. nytimes. com/2007/12/27/the-uninvited-guest/ (accessed February 1, 2017).

[2] Don DeLillo, Mao II (New York: Viking, 1991), 23.

[3] Patrick Smith, Cockpit Confidential: Everything You Need to Know About Air Travel, Questions, Answers & Reflections (Naperville, IL: Sourcebooks, 2013).

[4] Kathleen Stewart, Ordinary Affects (Durham, NC:

Duke University Press, 2007), 2, 3.

[5] Lauren Berlant, Cruel Optimism (Durham, NC: Duke University Press, 2011), 24.

[6] Pico Iyer, The Global Soul: Jet Lag, Shopping Malls, and the Search for Home (New York: Knopf, 2000), 85.

[7] Bruno Latour, We Have Never Been Modern, trans. Catherine Porter (Cambridge, MA: Harvard University Press, 1993), 51-55, 142-145.

[8] Bill Brown, A Sense of Things: The Object Matter of American Literature (Chicago: University of Chicago Press, 2004), 4.

[9] 见 Graham Harman, Towards Speculative Realism: Essays and Lectures (Ropley, UK: Zero Books, 2010); Steven Shaviro, The Universe of Things: On Speculative Realism (Minneapolis, MN: University of Minnesota Press, 2014).

[10] Arianna Huffington, The Sleep Revolution: Transforming

157

Your Life, One Night at a Time (New York: Harmony, 2016).

[11] Edward Tenner, Why Things Bite Back: Technology and the Revenge of Unintended Consequences (New York: Vintage, 1997), 6.

[12] E. M. Cioran, The Fall into Time, trans. Richard Howard (Chicago: Quadrangle Books, 1970 [1964]), 177. 值得一提的是，齐奥朗在这本书里主要关注的是宗教时间与世俗事件的差异。

[13] Henri Bergson, Key Writings, eds. John Mullarkey and Keith Ansell Pearson (London: Bloomsbury, 2002), 159.

[14] Martin Heidegger, Being and Time, trans. John MacQuarrie and Edward Robinson (New York: HarperCollins, 2008 [1962]), 429.

[15] Miguel de Cervantes, Don Quixote, trans. Edith Grossman (New York: HarperCollins, 2003), 21.

[16] 戈雅和黑格尔探讨的是恐怖统治以及拿破仑的崛起所见证的那段反革命时期以及启蒙的局限性。

[17] Emmanuel Levinas, Time and the Other, trans. Richard A. Cohen (Pittsburgh: Duquesne University Press, 1987), 48. 与清醒不同，失眠也可能导致"非人化"和客体性。见 Emmanuel Levinas, Existence and Existents, trans. Alphonso Lingis (Pittsburgh: Duquesne University Press, 2001), 66.

OBJECT LESSONS

[18] Thomas Pynchon, "The Deadly Sins/Sloth; Nearer, My Couch, to Thee," New York Times, June 6, 1993. Available online: https://www.nytimes.com/books/97/05/18/reviews/pynchon-sloth.html (accessed February 1, 2017). 158

[19] Mark Vanhoenacker, Skyfaring: A Journey with a Pilot (New York: Vintage, 2016), 224.

[20] Italo Calvino, Six Memos for the Next Millennium

(Cambridge, MA: Harvard University Press, 1988); e. e. cummings, i: six nonlectures (Cambridge, MA: Harvard University Press, 1991 [1953]).

[21] Roland Barthes, Mythologies, trans. Annette Lavers (New York: Hill and Wang, 1972 [1957]), 71.

第一章

[1] John Tresch, The Romantic Machine: Utopian Science and Technology after Napoleon (Chicago: University of Chicago Press, 2012), xi.

[2] Rebecca Solnit, The Faraway Nearby (New York: Penguin, 2014), 32.

[3] Milan Kundera, Slowness, trans. Linda Asher (New York: HarperCollins, 1996), 2.

[4] Wolfgang Schivelbusch, The Railway Journey: The Industrialization of Time and Space in the Nineteenth Century (Berkeley: University of California Press, 1986).

[5] Walter Benjamin, Radio Benjamin, ed. Lecia Rosenthal, trans. Jonathan Lutes, Lisa Harries Schumann, and Diana K. Reese (London: Verso, 2014), 172.

[6] Paul Theroux, Riding the Iron Rooster: By Train Through China (Boston: Houghton Mifflin, 2006 [1988]), 15.

159

[7] Italo Calvino, Six Memos for the Next Millennium (Cambridge, MA: Harvard University Press, 1988), 39.

OBJECT LESSONS

[8] William Langewiesche, Inside the Sky: A Meditation on Flight (New York: Pantheon Books, 1998), 3.

[9] James Salter, Burning the Days: Recollection (New York: Vintage, 1997), 141.

[10] Richard P. Hallion, Taking Flight: Inventing the Aerial Age from Antiquity through the First World War (New York: Oxford University Press, 2003), 52-53.

[11] Ibid., 29-30.

[12] Ibid., 53-54.

[13] Paul Virilio, Speed and Politics: An Essay on Dromology, trans. Mark Polizzotti (Los Angeles: Semiotext (e), 2006 [1977]), 90.

[14] Thomas Pynchon, Against the Day (New York: Penguin, 2006), 25.

[15] Ibid., 4.

[16] R. E. G. Davies, Airlines of the Jet Age: A History (Washington, DC: Smithsonian Institution Scholarly Press, 2011), 1.

[17] Ibid., 11-12.

[18] Ibid., 6.

[19] W. G. Sebald, "Reflections: A Natural History of Destruction," New Yorker, November 4, 2002, 70-71.

[20] Mark C. Taylor, Speed Limits: Where Time Went and Why We Have So Little Left (New Haven, CT: Yale University Press, 2014), 6.

[21] E. M. Cioran, The Fall into Time, trans. Richard Howard (Chicago: Quadrangle Books, 1970 [1964]), 73. 160

[22] Martin Heidegger, The Question Concerning Technology and Other Essays, trans. William Lovitt (New York: Harper & Row, 1977), 4.

OBJECT LESSONS

第二章

[1] David Harvey, The Condition of Postmodernity: An Enquiry into the Origins of Cultural Change (Cambridge, MA: Blackwell, 1990), 202.

[2] Martin Heidegger, Being and Time, trans. John MacQuarrie and Edward Robinson (New York: HarperCollins, 2008 [1962]), 469.

[3] Lewis Mumford, Technics and Civilization (Chicago: University of Chicago Press, 2010 [1934]), 14.

[4] Eviatar Zerubavel, Time Maps: Collective Memory and the Social Shape of the Past (Chicago:

University of Chicago Press, 2003).

[5] Daniel Rosenberg and Anthony Grafton, Cartographies of Time (New York: Princeton Architectural Press, 2010), 54-56.

[6] Daniel Rosenberg and Anthony Grafton, Cartographies of Time (New York: Princeton Architectural Press, 2010), 19-20.

[7] Mumford, Technics of Civilization, 14.

[8] Dava Sobel, Longitude (New York: Bloomsbury, 2007 [1995]), 79.

[9] Ibid., 78.

[10] Vanessa Ogle, The Global Transformation of Time: 1870-1950 (Cambridge, MA: Harvard University Press, 2015).

161 [11] On Barak, On Time: Technology and Temporality in Modern Egypt (Berkeley: University of California Press, 2013), 5.

[12] Peter Galison, Einstein's Clocks, Poincaré's Maps:

Empires of Time (New York: Norton, 2004), 13, 278.

[13] Ibid., 325.

[14] Jimena Canales, The Physicist and the Philosopher: Einstein, Bergson, and the Debate that Changed Our Understanding of Time (Princeton, NJ: Princeton University Press, 2015).

[15] Jimena Canales, A Tenth of a Second: A History (Chicago: University of Chicago Press, 2009), 13.

[16] Karl Marx, Grundrisse: Foundations of the Critique of Political Economy, trans. Martin Nicolaus (New York: Penguin, 1973), 524, 539.

[17] Johannes Fabian, Time and the Other: How Anthropology Makes Its Object (New York: Columbia University Press, 2002 [1983]).

[18] Walter Benjamin, Illuminations: Essays and Reflections, ed. Hannah Arendt, trans. Harry Zohn (New York:

Schocken Books, 1968 [1955]), 261 - 262.

[19] His emphasis. E. M. Cioran, The Fall into Time, trans. Richard Howard (Chicago: Quadrangle Books, 1970 [1964]), 176.

第三章

[1] Till Roenneberg, Internal Time: Chronotypes, Social Jet Lag, and Why You're So Tired (Cambridge, MA: Harvard University Press, 2012), chapter 2.

[2] William Gibson, Pattern Recognition (New York: Penguin Putnam, 2003), 1.

162 [3] Bruce Chatwin, The Songlines (New York: Penguin, 1988), 230.

[4] Johannes Fabian, Time and the Other: How Anthropology Makes Its Object (New York: Columbia University Press, 2002 [1983]).

[5] Georges Gurvitch, The Spectrum of Social Time, trans. Myrtle Korenbaum (Dordrecht, Holland:

D. Reidel, 1964), 31.

[6] Judith Fein, "Emotional Jetlag: Do You Suffer From Emotional Jetlag?" Psychology Today, June 30, 2014. Available online: https://www.psychologytoday.com/blog/life-is-trip/201406/emotional-jetlag (accessed February 2, 2017).

[7] 史坦尼斯劳·莱姆的原著里提到了《堂·吉诃德》，但没有具体提到这些话。

OBJECT LESSONS

[8] 转引自 Rosamond Kent Sprague, "Aristotle and the Metaphysics of Sleep," Review of Metaphysics 31, no. 2 (1977): 230.

[9] Alberto Cambrosio and Peter Keating, "The Disciplinary Stake: The Case of Chronobiology," Social Studies of Science 13 (1983): 329.

[10] Jonathan Crary, 24/7 (London: Verso, 2013), 3.

[11] Roenneberg, Internal Time, 43.

[12] 转引自 Enda Duffy, The Speed Handbook: Velocity,

Pleasure, Modernism (Durham, NC: Duke University Press, 2009), 17.

[13] Lawrence Rainey, et al., eds., Futurism: An Anthology (New Haven, CT: Yale University Press, 2009), 51, 283-286.

[14] Duffy, The Speed Handbook, 19.

[15] Roland Barthes, Mythologies, trans. Annette Lavers (New York: Hill and Wang, 1972 [1957]), 71.

163 [16] Martin Amis, Money: A Suicide Note (London: Jonathan Cape, 1984), 249.

[17] Joanna Klein, "Why Jet Lag Can Feel Worse When You Travel From West to East," New York Times, July 15, 2016. Available online: http://www.nytimes.com/2016/07/16/science/jet-lag-east-west.html (accessed February 2, 2017).

[18] Steve Hendricks, "The Empty Stomach: Fasting to Beat Jet Lag," Harper's Magazine, March 5, 2012. Available online: http://harpers.org/blog/2012/03/the-empty-

stomach-fasting-to-beat-jet-lag/ (accessed February 2, 2017).

[19] Tracie White, "Study finds possible new jet-lag treatment: Exposure to flashing light," Stanford Medicine, News Center, February 8, 2016. Available online: https://med.stanford.edu/news/all-news/2016/02/study-finds-possible-new-jet-lag-treatment.html (accessed February 2, 2017).

[20] Rebecca Maksel, "When did the term 'jet lag' come into use?" Airspacemag.com, June 17, 2008. Available online: http://www.airspacemag.com/need-to-know/when-did-the-term-jet-lag-come-into-use-71638/ (accessed February 2, 2017).

[21] George T. Hauty and Thomas Adams, "Pilot Fatigue: Intercontinental Jet Flight" (Federal Aviation Agency, Office of Aviation Medicine, Oklahoma City, 1965), 1.

[22] Franco Moretti, "The Dialectic of Fear," New Left Review I/136 (1982): 67 - 85.

[23] Zora Neale Hurston, Tell My Horse: Voodoo and Life in Haiti and Jamaica (New York: HarperCollins, 2009 [1938]), 179.

[24] Reinhart Koselleck, Futures Past: On the Semantics of Historical Time, trans. Keith Tribe (New York: Columbia University Press, 2004 [1979]), 11.

164 第四章

[1] Alvin Toffler, Future Shock (New York: Bantam Books, 1971), 217.

[2] Alain de Botton, A Week at the Airport: A Heathrow Diary (London: Profile Books, 2009), 29. 译文出自阿兰·德波顿:《机场里的小旅行》，陈信宏译，上海译文出版社，2010年，第203页。

[3] James Clifford, Routes: Travel and Translation in the Late Twentieth Century (Cambridge, MA: Harvard University Press, 1997), 3.

[4] George Santayana, The Birth of Reason and Other

Essays, ed. Daniel Cory (New York: Columbia University Press, 1968), 5.

[5] Alastair Gordon, Naked Airport: A Cultural History of the World's Most Revolutionary Structure (Chicago: University of Chicago Press, 2008 [2004]), 44.

[6] 关于怀旧的讨论，参见 Christopher Schaberg, The End of Airports (New York: Bloomsbury Academic, 2015).

[7] Marc Augé, Non-Places: An Introduction to Supermodernity, trans. John Howe (London: Verso, 2008 [1992]), xviii.

[8] Sarah Sharma, In the Meantime: Temporality and Cultural Politics (Durham, NC: Duke University Press, 2014), 29.

[9] Paul Virilio, Pure War (New York: Semiotext (e), 1997), 77.

[10] Augé, Non-Places, 70.

[11] Ibid., 89.

[12] Guy Debord, Society of the Spectacle, trans. Ken Knabb (London: Rebel Press, 2004 [1967]), 14.

[13] Victoria Vantoch, The Jet Sex: Airline Stewardesses and the Making of an American Icon (Philadelphia: University of Pennsylvania Press, 2013), 12, 13.

165 [14] Keith Lovegrove, Airline: Identity, Design and Culture (London: Laurence King, 2000), 17.

[15] Keith Lovegrove, Airline: Identity, Design and Culture (London: Laurence King, 2000), 17.

[16] 转引自 Ibid. , 22.

[17] 转引自 Ibid. , 24.

[18] Toffler, Future Shock, 224－225.

[19] William Stadiem, Jet Set: The People, the Planes, the Glamour, and the Romance in Aviation's Glory Years (New York: Ballantine Books, 2014), 3－4.

[20] Jenifer Van Vleck, Empire of the Air: Aviation and the American Ascendancy (Cambridge, MA:

Harvard University Press, 2013), 14, 120.

[21] Simone Browne, Dark Matters: On the Surveillance of Blackness (Durham, NC: Duke University Press, 2015), 27, 28.

[22] Charles A. Lindbergh, The Spirit of St. Louis (New York: Scribner, 2003 [1953]), 218.

[23] Ibid.

[24] Lovegrove, Airline, 81.

[25] David Owen, "Game of Thrones," The New Yorker, April 21, 2014. Available online: http://www.newyorker.com/magazine/2014/04/21/game-of-thrones (accessed February 2, 2017).

[26] Frances Cha, "Coming soon? Standing instead of sitting on planes," CNN.com, July 10, 2014. Available online: http://www.cnn.com/2014/07/10/travel/standing-cabin-plane-study/ (accessed February 2, 2017).

[27] Tim Wu, "Why Airlines Want to Make You Suffer," The

New Yorker, December 26, 2014. Available online: http://www.newyorker.com/business/currency/airlines-want-you-to-suffer (accessed February 2, 2017).

166

结论

[1] Frantz Fanon, The Wretched of the Earth, trans. Richard Philcox (New York: Grove, 2004 [1961]), 42.

[2] 关于加速主义，可参见 Benjamin Noys, Malign Velocities: Accelerationism and Capitalism (Alresford, UK: Zero Books, 2014).

[3] Karen Weintraub, "Ask Well: Can You Train Yourself to Need Less Sleep?" New York Times, June 17, 2016. Available online: http://well.blogs.nytimes.com/2016/06/17/ask-well-can-you-train-yourself-to-need-less-sleep/ (accessed February 2, 2017).

[4] Alexandra Damsker, "How You Can Function on Less Than 6 Hours of Sleep," Time.com,

October 28, 2014. Available online: http: //time. com/3544255/function-little-sleep/? xid = tcoshare (accessed February 2, 2017).

[5] Pamela M. Lee, Chronophobia: On Time in the Art of the 1960s (Cambridge, MA: MIT Press, 2004).

[6] Enda Duffy, The Speed Handbook: Velocity, Pleasure, Modernism (Durham, NC: Duke University Press, 2009), 273.

[7] Robert Hassan, Empires of Speed: Time and the Acceleration of Politics and Society (Leiden: Brill, 2009), 2 - 3.

[8] Ibid., 11.

[9] David Harvey, The Condition of Postmodernity: An Enquiry into the Origins of Cultural Change (Oxford: Blackwell, 1990), 205, 273.

[10] Paul Virilio, "Speed and Information: Cyberspace Alarm!" Ctheory. com, August 27, 1995. Available online: http: //www. ctheory. net/articles. aspx? id = 72

OBJECT LESSONS

167

(accessed February 2，2017).

[11] E. M. Cioran, The Fall into Time, trans. Richard Howard (Chicago: Quadrangle Books, 1970 [1964]), 67.

[12] Ibid. , 68 - 69.

[13] Paul Virilio, Speed and Politics: An Essay on Dromology, trans. Mark Polizzotti (Los Angeles: Semiotext (e), 2006 [1977]), 43.

[14] Joan W. Scott, "Fantasy Echo: History and the Construction of Identity," Critical Inquiry 27, no. 2 (2001): 284 - 304.

[15] 关于持续性的预期，见 Alvin Toffler, Future Shock (New York: Bantam Books, 1971), 42.

[16] Cioran, The Fall into Time, 174.

[17] Jonathan Crary, 24/7 (London: Verso, 2013), 128.

[18] Lauren Berlant, Cruel Optimism (Durham, NC: Duke University Press, 2011), 23.

[19] James Salter, Burning the Days: Recollection (New York: Random House, 1997), 349 - 350.

[20] William Langewiesche, Inside the Sky: A Meditation on Flight (New York: Pantheon Books, 1998), 6.

[21] Ibid., 9.

[22] Ibid., 4.

168

索引*

插图页码以*斜体*标出。

* 本索引所示页码为原书页码，即本书边码。——译者注

OBJECT LESSONS

172

OBJECT LESSONS

知物

OBJECT LESSONS

174

知物

OBJECT LESSONS

OBJECT LESSONS

OBJECT LESSONS

OBJECT LESSONS

OBJECT LESSONS

185

知物

图书在版编目（CIP）数据

时差：昼夜节律与蓝调/(美) 克里斯托弗 · J.李著；田可耘译.
-- 上海：上海文艺出版社, 2020
（知物系列）
ISBN 978-7-5321-7693-9
Ⅰ.①时… Ⅱ.①克… ②田… Ⅲ.①时差－普及读物 Ⅳ.①P127.3-49
中国版本图书馆CIP数据核字(2020)第145827号

This translation is published by arrangement with Bloomsbury Publishing Inc.
著作权合同登记图字：09-2018-065 号

发 行 人：毕 胜
策　　划：林雅琳
责任编辑：胡艳秋
装帧设计：胡斌工作室

书　　名：时差：昼夜节律与蓝调
作　　者：(美) 克里斯托弗 · J.李
译　　者：田可耘
出　　版：上海世纪出版集团　上海文艺出版社
地　　址：上海市绍兴路7号　200020
发　　行：上海文艺出版社发行中心
上海市绍兴路50号　200020　www.ewen.co
印　　刷：启东市人民印刷有限公司
开　　本：787×1000　1/32
印　　张：9
插　　页：3
字　　数：98,000
印　　次：2020年10月第1版　2020年10月第1次印刷
I S B N：978-7-5321-7693-9/G · 0289
定　　价：42.00元
告 读 者：如发现本书有质量问题请与印刷厂质量科联系　T: 0513-83349365

OBJECT LESSONS
知物

小文艺·口袋文库·知物系列

玻璃 _ 过去现在未来故事三面性

时差 _ 昼夜节律与蓝调

兜帽 _ 隐匿于善恶之间

袜子 _ 隐秘的安慰

问卷 _ 潘多拉的清单

静默 _ 是奢侈，还是恐惧?

弃物 _ 游走在时间的边缘

面包 _ 膨胀的激情与冲突

即将推出（书名暂定）

密码

发

树

地球

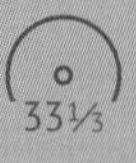

小文艺·口袋文库·33⅓系列

涅槃 _ 母体中

人行道 _ 无为所为

黑色安息日 _ 现实之主

小妖精 _ 杜立特

鲍勃·迪伦 _ 重返 61 号公路

地下丝绒与妮可

迈尔斯·戴维斯 _ 即兴精酿

大卫·鲍伊 _ 低

汤姆·韦茨 _ 剑鱼长号

齐柏林飞艇 IV

小文艺·口袋文库·知人系列

汉娜·阿伦特 _ 活在黑暗时代

塞林格 _ 艺术家逃跑了

爱伦·坡 _ 有一种发烧叫活着

梵高 _ 一种力量在沸腾

卢西安·弗洛伊德 _ 眼睛张大点

阿尔弗雷德·希区柯克 _ 他知道得太多了

大卫·林奇 _ 他来自异世界

小文艺·口袋文库·小说系列

报告政府 著——韩少功

我胆小如鼠 著——余华

无性伴侣 著——唐颖

特蕾莎的流氓犯 著——陈谦

荔荔 著——纳兰妙殊

群众来信 著——苏童

目光愈拉愈长 著——东西

致无尽关系 著——孙惠芬

不准眨眼 著——石一枫

单身汉董进步 著——袁远

二马路上的天使 著——李洱

不过是垃圾 著——格非

正当防卫 著——裘山山

夏朗的望远镜 著——张楚

北地爱情 著——邵丽

请女人猜谜 著——孙甘露

伪证制造者 著——徐则臣

金链汉子之歌 著——曹寇

腐败分子潘长水 著——李唯

城市八卦 著——奚榜